国家自然科学基金重点项目（51438005）研究成果
严寒地区城市微气候设计论丛

严寒地区城市住区公共空间微气候优化策略研究

袁青 冷红 梁帅 著

科学出版社

北 京

内 容 简 介

本书以使用者的实际舒适感受为目标导向，通过问卷调研、访谈、行为注记、地图标记的方式对住区公共空间的使用情况进行细致分析，同时对住区公共空间中的微气候因素进行测试，通过建立微气候舒适度评价计算模型，计算住区公共空间的舒适度，并与使用者活动情况进行相关性分析，确定影响住区公共空间中使用者活动情况的因素，在此基础上提出严寒地区住区公共空间的设计策略。

本书可供高等院校建筑学及其相关专业学生使用，也可供城市规划师、建筑师、城市规划管理者以及城市规划设计理论研究人员参考。

图书在版编目（CIP）数据

严寒地区城市住区公共空间微气候优化策略研究 / 袁青，冷红，梁帅著.
—北京：科学出版社，2019.12
（严寒地区城市微气候设计论丛）
ISBN 978-7-03-063460-3

Ⅰ. ①严… Ⅱ. ①袁… ②冷… ③梁… Ⅲ. ①寒冷地区-城市-居住区-微气候-研究 Ⅳ. ①P463.3

中国版本图书馆CIP数据核字（2019）第265473号

责任编辑：梁广平 / 责任校对：樊雅琼
责任印制：吴兆东 / 封面设计：楠竹文化

科 学 出 版 社 出版
北京东黄城根北街16号
邮政编码：100717
http://www.sciencep.com

北京中石油彩色印刷有限责任公司 印刷
科学出版社发行 各地新华书店经销
*
2019年12月第 一 版 开本：787×1092 1/16
2019年12月第一次印刷 印张：15 1/2
字数：320 000
定价：128.00元
（如有印装质量问题，我社负责调换）

"严寒地区城市微气候设计论丛"
丛书编委会

主　编：康　健　金　虹

副主编（以姓氏笔画为序）：刘　京　陆　明　赵晓龙　袁　青

编写人员（以姓氏笔画为序）：

于子越	马　征	王　博	王　磊	水滔滔	卞　晴	吉　军
刘思琪	刘哲铭	刘笑冰	李安娜	李　婧	何　欣	冷　红
宋晓程	张仁龙	陈　昕	邵　腾	林玉洁	金雨蒙	周　烨
单琪雅	春明阳	赵冬琪	赵　静	侯拓宇	侯韫靖	徐思远
席天宇	黄　锰	崔　鹏	麻连东	梁　帅	蔺兵娜	颜廷凯

"严寒地区城市微气候设计论丛"序

伴随着城市化进程的推进，人居环境的改变与恶化已成为严寒地区城市建设发展中的突出问题，对城市居民的生活质量、身心健康都造成很大影响。近年来，严寒地区气候变化异常，冬季极寒气候与夏季高热天气以及雾霾天气等频发，并引发建筑能耗持续增长。恶劣的气候条件对我国严寒地区城市建设提出了严峻的挑战。因此，亟待针对严寒地区气候的特殊性，展开改善城市微气候环境的相关研究，以指导严寒地区城市规划、景观与建筑设计，为建设宜居城市提供理论基础和科学依据。

在改善城市微气候方面，世界各国针对本国的气候特点、城市特征与环境条件进行了大量研究，取得了较多的创新成果。在我国，相关研究主要集中于夏热冬暖地区、夏热冬冷地区和寒冷地区，而针对严寒地区城市微气候的研究还不多。我国幅员辽阔，南北气候相差悬殊，已有的研究成果不能直接用于指导严寒地区的城市建设，因此需针对严寒地区的气候特点与城市特征进行系统研究。

本丛书基于国家自然科学基金重点项目"严寒地区城市微气候调节原理与设计方法研究"（51438005）的部分研究成果，利用长期观测与现场实测、人体舒适性问卷调查与试验、风洞试验、包括CFD与冠层模式在内的数值模拟等技术手段，针对严寒地区气候特征与城市特点，详细介绍城市住区及其公共空间、城市公共服务区、城市公园等区域的微气候调节方法与优化设计策略，并给出严寒地区城市区域气候与风环境预测评价方法。希望本丛书可为严寒城市规划、建筑及景观设计提供理论基础与科学依据，从而为改善严寒地区城市微气候、建设宜居城市做出一定的贡献。

丛书编委会
2019年夏

前　言

欧尔焦伊曾经说过，住宅设计反映出不同时期人类对一个永恒问题的不同解决办法，这个永恒的问题就是在大的自然环境中构建一个小的可控环境，来抵御温度、风、雨、阳光直射等自然气候入侵带来的不利影响。气候与建筑的关系长期以来都是一些研究的主题，研究重点更多地是关注建筑内部小气候。近些年来，室外空间设计开始逐步关注局部环境的微气候，室外环境与气候因子之间的关系成为气象学、建筑学、城市规划学、景观学等学科的重点研究内容。

对气候做出响应的城市设计是城市可持续发展的基础。居住区及其环境研究是城市规划研究中的重要环节，居住区公共空间是居民密切使用的活动场所，研究居住区室外微气候环境，对发展和完善居住区规划设计理论以及提升居住区空间品质都有着非常积极的作用。在理解影响局部环境的微气候因素的基础上，如果能够充分认识改变局部气候的可能和局部气候本身的约束，以适当的方式对建成环境进行干预，就会提高使用者舒适程度，通过各种设计手段鼓励居民开展室外活动，提升公共空间的环境品质，营造健康积极的居住环境。

本书是依托国家自然科学基金重点项目"严寒地区城市微气候调节原理与设计方法研究"（51438005）开展研究的成果。作为子课题"基于微气候调节的严寒地区城市居住区规划设计研究"的主要研究者，我们将子课题的重要研究成果进行了梳理，在严寒地区城市住区公共空间基础调研与实测的基础上，进行了严寒地区户外热舒适度与居民行为活动的相关性研究，并通过模拟技术分析严寒地区微气候调节途径，最后以调节微气候环境为切入点，探索严寒地区城市住区公共空间规划设计的理论与方法，提出改善严寒地区城市住区公共空间微气候环境的城市规划设计策略。

在研究过程中，研究生春明阳和王磊参加了部分研究工作，本书的部分内容引用了他们的学位论文研究成果。实地调研和测试工作也得到了多名学生志愿者的帮助。同时，在本书的写作过程中，研究生赵妍、肇禹然、姚金、刘畅、邓雯、董鑫和张东禹等在图表处理和书稿整理等方面做了大量的工作，在此一并表示诚挚的谢意。

希望这本书能够成为建筑学和城市设计领域专业人士的参考书，也能成为参与城市规划的政策制定者、关注城市发展的地理学家和气候学家的参考书。本书的研究主要是围绕改善住区公共空间微气候而进行的一些基础性工作，对于如何更好地在住区公共空间规划设计实践中得到广泛的应用，还需要不断积累经验。

目　　录

第1章 绪 论

1.1 研究背景

住区公共空间作为住区中为居民提供休闲娱乐、开展社团活动等项目的主要场所，是住区居民生活品质的基本保障[1]。作为住区室外空间的重要部分，住区公共空间在居民心目中具有较高的地位，因此，其规划设计有别于其他广场设计，应该更加注重功能性、实用性和经济性，贴近居民生活，尺度亲切宜人，改善原有的不良生态环境，为居民提供舒适的户外公共空间。近些年来，住区建设主要集中于高层住区，解决大量人口居住问题的同时也带来了许多环境问题，住宅层数过高对住区广场的微气候影响较为严重，例如广场采光面积缩小、采光时间缩短、风环境较差、居民心里感到压抑等问题较为突出。随着人们生态意识的不断增强，住区居民对居住环境有了更高的期望，舒适的微气候环境、良好的通风与采光都是急需解决的问题。

严寒地区的独特气候环境，使这一问题的研究更为重要。微气候与住区环境并不是简单的相互适应过程，而是通过一定的设计手法与规划策略使二者之间产生互动的过程。在漫长的冬季低温气候以及春秋过渡季节变幻莫测的天气里，居民更愿意待在室内，较多学者开展了通过改善微气候环境来改变这种现象的研究，但是从微气候环境改善的视角出发，仍缺少从住区广场空间尺度这一设计要素开展的研究。

无论从理论还是实践方面，研究严寒地区城市住区公共空间规划设计要素与微气候环境改善的相关性都十分重要。城市规划设计人员应建立开放的知识体系，结合规划地区气候特征，以微气候环境的改善为主导，合理有序地分析城市建设与规划空间布局、建筑形态、景观布置等设计要素，综合考虑环境舒适度，创造宜人的居住环境。本书以寒地城市哈尔滨为研究对象，探讨寒地城市住区广场空间尺度与微气候环境改善的相关性问题。

1. 考虑寒地气候影响

气候不仅会影响城乡建设，更会影响人们的社会活动。我国国土广阔，不同地区的气候差距较大，且都独具特色。我国的寒冷地区主要以东北、西北地区为主，寒冷地区的面积大。对我国寒冷地区的研究多集中在东北三省地区[2]。

我国严寒地区的气候普遍表现为冬季漫长，平均气温一般在零下10℃左右。严寒的气候会限制人们的户外活动，给人们的生理状况带来消极的影响，尤其是对体质较弱的老年人群。在大气候环境无法改变的情况下，需要通过微气候调节的手段来改善空间微气候环境，满足户外活动的要求。已有研究表明，寒地城市通过微气候调节手段可以延长户外活动季节。寒冷地区的规划设计需要从气候和环境行为的角度着手，研究更适合居住的人居环境[3]。具有气候考虑的规划设计在寒冷地区才具有生命力。

2．优化住区功能

住区是居民活动和交往的主要空间载体，其中住区公共空间是住区中最生动、最活跃的活动空间，是丰富居民生活、提高居民生活质量的重要城市空间。寒冷地区特殊的气候特征造成了住区的户外活动空间使用率低，进而导致寒地居民户外公共活动的缺失和空间资源的浪费。弥补气候的劣势，提高住区广场活动空间的使用率，延长使用时效，是寒地住区在规划设计时需要解决的问题。此外，作为住区公共空间最主要的使用人群的老年人，随着年龄的增长，生理机能出现不同程度的退化，对环境的适应能力也逐渐下降。受限于身体状况等现实因素，其户外活动多集中于住区的公共空间，因而住区广场的规划设计应着重考虑这一群体的特征，包括其基于生理、心理特征而产生的对住区广场的物质空间环境和微气候环境的独特感受和要求。

1.2　研究目的与意义

1.2.1　研究目的

本研究从城市住区公共空间微气候环境改善的角度出发，对国内外相关文献进行整理与归纳，借鉴和学习国内外针对严寒地区住区公共空间的微气候具有研究价值的相关理念和技术手段，将城市规划与气候学有机结合，在住区公共空间的规划设计中引入微气候分析方法，利用不同学科之间的有效结合，共同指导城市建设。以哈尔滨市中心城区住区公共空间为例，从全新的角度研究了住区公共空间尺度与微气候环境改善之间的相关性。研究住区公共空间微气候环境与人群行为特征的关系，探索符合人群行为特征的住区公共空间微气候环境设计方式，使得住区公共空间的设计更符合使用者的生理需求和行为活动需求。具体如下：

（1）通过筛选哈尔滨市内住区，在特定的季节对住区内使用者进行调研，提取住区公共空间中使用者的活动特征数据，总结使用者主要活动原因、目的、影响因素以及活动随时间和空间的变化情况。

（2）通过对调研住区公共空间的微气候因素进行测试，总结住区公共空间的主要微气候因素变化特征，包括温度环境、湿度环境、风环境的变化特征。

（3）确定合适的微气候舒适度计算模型，综合评价住区公共空间的舒适度变化情况。对使用者环境行为与微气候舒适度进行统计分析，研究住区公共空间微气候舒适度的变化对使用者行为的影响，研究人群在住区公共空间的分布情况以及空间的使用频率，由上述分析确定微气候与行为之间的关系。

（4）选取哈尔滨市几处具有代表性的住区公共空间进行调研与数据测量，从定量分析的需求出发，借助计算机环境模拟技术，比较住区公共空间规划设计要素的变化对微气候环境的改善幅度，进行住区空间与微气候环境改善的相关性分析，进而以此为依据探讨通过调整住区空间尺度来改善微气候环境的策略。

（5）以微气候调节为主要目的进行空间改善，使得使用者在住区公共空间中的活动更舒适。研究满足使用者行为活动需求的住区活动公共空间的微气候环境设计调节方式。

1.2.2 研究意义

1. 理论意义

国内对微气候的研究主要集中于城市各类型空间的温、湿、风、光等物理环境的研究，也有生态、低碳和环境方面的研究、微气候环境的研究、与人的热舒适性以及人的环境行为相关的交叉研究，但是较少有针对住区公共空间微气候与使用者环境行为之间关联的研究。本研究希望可以从理论层面对各理论、研究方法和研究视角进行丰富。

2. 现实意义

本研究通过实地调研，分析哈尔滨市住区内使用者特征，包括基本信息以及环境行为特征等，对哈尔滨市住区公共空间的微气候环境进行测试及分析，定性、定量地分析微气候环境对使用者行为活动的影响程度，探寻改善方法，提出适合人群活动的寒地住区公共空间的优化策略；通过对调研资料的归纳整理以及计算机软件模拟，为住区公共空间的规划设计提供客观的量化数据储备，并提出一套较为系统的理性分析方法，为设计师在今后的住区公共空间规划设计中，利用气候学等相关知识，调整住区公共空间要素，优化住区公共空间微气候环境提供实践参考。

1.3 相关概念界定与诠释

1. 住区公共空间

本书中的住区主要是指城市区域内人们的居住空间，是城市某一特定区域内的人口、资源、环境通过各种关系建立起来的人类聚居地，本书提到的住区规模指城市居住小区级及小区级以上成组团并以居住为主要功能的区域规模。本书中的住区公共空间主要指以为居民提供休闲娱乐、运动健身、社团活动场地为主要功能的户外活动空间。

2. 寒地城市

学术界对寒地城市的定义尚不统一。欧美国家称之为"冬季城市"[4]，日本称之为"北方城市"，在中国，学者多习惯称之为"寒地城市"[5]。它主要是指北半球北纬45℃及以北地区，冬季漫长而寒冷，每年有两个月或更长时间的日平均最高温度在0℃以下的高纬度地区城市。本书中的寒地城市是指一年中日平均气温在0℃以下的时间为连续三个月以上的城市。我国黑吉辽三省及内蒙古自治区的东北部地区都属于寒地城市的研究范畴。对寒地城市来说，毋庸置疑它的气候特征主要出现在冬季。从天文学的角度，北半球的冬季指冬至（12月22日）到春分（3月21日）这段时间，实际上从每年的11月到次年4月，大部分寒地城市会面临严寒的考验。归纳起来，寒地城市的冬季气候大致包含以下特征：温度一般低于0℃；降水经常以雪的形式；白昼及日照时间短。除了以上三个特征以外，还会有经常出现的寒潮天气，寒潮来临时，会在短时间内对城市生活造成较大的影响；在冬季以外的其他季节里，呈现出夏季温和、春季多风的气候特点。这些寒地气候特征对住区户外空间环境设计来说无疑是巨大的考验。

3. 微气候环境

微气候在学界至今没有统一的定义，本书中的微气候概念主要依据刘念雄等的界定：由细小下垫面构造特性所决定的发生在地表1.5~2.0m大气层中的气候特点和气候变化，它对人的活动影响最大。本书所研究的微气候主要是指住区公共空间这一有限区域内小范围的地方性气候状况。

4. 户外热舒适度

本书研究的户外热舒适度指的是人在所处环境中结合心理与生理需求对有限区域内的微气候环境的满意程度。

1.4　国内外相关研究现状综述

1.4.1　国外相关研究现状

1.4.1.1　微气候相关研究

世界各地一些早期的建筑师和规划师已经意识到了气候对城市规划和建筑的影响，并且在他们的设计中体现了对这些因素的考虑，比如古代的日本受中国的气候观念的影响而形成的东方气候观念。日本对气候如此重视也是由其本身的气候特征决定的。日本为海洋性气候，全年气候变化明显，所以他们在方方面面都有对气候的考量，尤其是在城市规划和建筑设计方面。以欧洲为代表的西方气候思想观念也在城市规划中有所体现，欧洲规划师在规划时就了解到城市的形态与城市的微气候环境息息相关。

公元前1世纪，著名的建筑学著作《建筑十书》中就有建筑的朝向与气候设计原理方面的描述，形成了较早的被记录下来的气候设计理论。作者维特鲁威提出，城市应该按照所在建设地的主导风向进行设计和布局，防止主导风向引起漏斗效应，书中还介绍道，可以利用建筑物阻挡风，降低风对街道微气候环境的消极影响[6]。19世纪，欧洲设计师对城市气候的研究已经取得了一些成就，英国的气象研究者卢克·霍华德所著的《伦敦气候》系统讲述了城市和气候之间的关系。20世纪，威廉·施密特对城市的微气候进行了测试以及分析，对气候的研究从宏观层面进入了微观层面，对气候的描述也有了数据性的支撑，对城市气候的研究做出了较大的贡献。克拉克采尔1937年发表的《城市气候》被誉为世界上第一部通论性的城市气候专著，城市和气候之间关系的研究逐渐成熟起来。1942年，阿尔伯蒂受维特鲁威思想的影响，提出了城市的选址以及城市内部道路和广场的布局应该考虑城市的地形、地貌、气候、水源、土壤等情况。城市的设计思想从图示化、意象化、权利化转变为理性化地适应自然环境，创造更好的城市生活环境。20世纪初期的几位建筑大师在建筑设计以及著作论述中都认为设计应该考虑城市与气候之前的关系。建筑大师勒·柯布西耶在1933年召开的国际新建筑会议上就提出了城市规划的重要因素为阳光、空间、绿化、钢材、混凝土，把气候因素列为了城市规划的重要因素。建筑师和建筑教育家瓦尔特·格罗皮乌斯认为，设计的主要因素应该是气候，很多建筑设计只是从形式上进行模仿或者形式的拼凑，这种不考虑地区独特性而创造出来的建筑是不可能长久存在的；如果建筑师把室内外关系作为设计构思基础，即将户外气候条件和建筑室内空间联系起来，就可以在建筑设计中产生各种各样的地区性表达。瓦尔特·格罗皮乌斯的设计对自然要素、气候环境进行了考虑，他在很多住宅设计以及规划设计中都有对阳光角度的推敲。建筑大师弗兰克·劳埃德·赖特提出了"微气候设计法"的概念，其作为草原住宅建筑设计的罗比住宅是考虑微气候进行设计的优秀代表，成为建筑设计的一个里程碑，给很多设计师以启示。赖特的草原住宅为缓解大气候的不舒适，对遮蔽阳光进行了深入的探索，创造了较好的住宅微气候环境。这几位建筑、规划大师在设计中对气候的考虑、对微气候的营造，给后人很多启示，至此，气候因素和地域因素成为几乎公认的影响建筑设计和城市规划的重要因素。

1953年，美国建筑师艾兰德·欧尔焦伊和维克多·欧尔焦伊提出了建筑气候系统的分析方法，设计中对气候的考虑更加具有科学性。10年后，维克多·欧尔焦伊又提出了生物气候设计原则，他认为建筑设计应满足人体的生物舒适度，遵循气候、生物、技术规律，注重研究气候、地域和人体生物舒适度之间的关系，由此开始了城市、人（生物）、气候三者之间关系的研究。在此方面另一位重要的学者吉沃尼（Givoni）继续对"生物气候设计"进行了发展和改进，他对生物气候设计方法进行了创新，提出了"热舒适性"的概念，对微气候的研究起到了极重要的推动作用[7]。

随着众多欧洲学者对气候、城市的深入研究，全世界的设计师都开始注意到设计对气候的考虑会达到更好的设计效果，比如对于气候条件较恶劣的印度。印度终年高温，有明显的旱季和雨季，通过设计对城市环境进行改善逐渐成为印度建筑师追求的理念。干热气候地区的实践者印度建筑师柯里亚就依据前人的设计思想和实践提出了"形式追随气候"这一理念。此外，身处于热带沙漠气候的埃及建筑设计师哈桑·法赛一直在探索符合埃及特色的建筑。他认为，建筑师除了应该对建筑负责，还应该对建筑周围环境负责，考虑周围环境脉络。柯里亚和哈桑·法赛都是著名的"地方主义"建筑师，他们对地方的自然、气候在设计中予以回应，意识到了气候在设计中的重要性。此外印度尼西亚建筑师杨经文对于热带高层建筑设计、城市设计与地域气候的和谐作出了很多的努力和尝试，形成一套较成熟的设计方法[8]。

寒冷地区的建筑设计师如瑞典的拉尔夫·厄斯金对寒地城市的微气候调节设计的方法进行了探索，寻找通过设计对寒冷地区的微气候进行调节的方式，以做出更好地抵御寒冷气候的设计。许多著作，如《重塑寒地城市：概念、战略和趋势》《为冬季设计的城市》《在寒冷气候条件下进行规划》《建筑和城市设计的气候考虑》，涉及了寒地区域规划、城市设计、道路交通、景观规划等内容，对世界范围内的寒冷地区的规划提供了有效的指导[9]。

进入21世纪，世界各地的学者对城市微气候的研究涉及了更多的领域，研究也更为细致，例如，美国景观设计师、艺术家奇普·沙利文在自己的著作《庭园与气候》中提出，将景观要素运用到庭园中来调节微气候环境，控制各个季节的气温和湿度，以节约能源。书中讲述了古代设计师用土、火、气、水这四种方式创造适宜的微气候环境[10]。《可持续城市与建筑设计》阐述了气候影响城市形态、城市密度和城市微气候。阿克巴里和科纳帕奇从能源和气候的角度对城市进行了分析，认为减缓城市的热岛效应可以让城市更好地发展。新加坡的研究者对城市街道和建筑进行了研究，分析空间改变后城市的热岛效应如何改变[11]。

国外学者对住区公共空间与微气候环境的研究与城市规划学科的发展及人类对环境问题日益重视是紧密相关的。有关城市物质空间规划对城市气候影响的研究近些年来逐渐被各国学者所重视。早期关于城市气候的研究主要集中在城市中心区与郊区的差别，进行的是大范围的气候讨论，忽略了城市内部小范围空间的微气候问题以及气候因子对人们的感知所形成的影响。近年来，各国学者纷纷通过调研与数学模拟的方法开始微气候环境的研究，其中对于住区以及住区公共空间的研究日益增多，呈现多角度、多层次的研究趋势。

埃及建筑师哈桑·法赛首次指出了开放空间与气候环境存在的关联关系，考虑了建筑围合的开放空间与微气候环境的相互作用关系。哈桑从城市中不同的开放空间入手，首次探讨了开放空间与气候之间的内在关联[12]。

富士达公司（Fujita Corporation）在1994~1995年对居民在室外环境中的热感觉和舒

适度进行了深入研究。根据日本人在不同季节的住区广场活动中的不同穿衣习惯以及在户外利用各式各样的建筑小品应对不同季节太阳辐射和风环境的情况,定量分析居民在住区广场的舒适度[13,14]。

Oke通过大量的研究发现了住区微气候研究中存在的诸多弱点,包括缺少量化的技术和定量的关系,缺少标准化、通用性和可转换性。Oke在1988年提出了若干有助于填补这些空白的研究,例如,对居住区街道高宽比对多种气象参数的影响进行了分析,提出地处中纬度地区的城市采用0.4高宽比有利于住区微气候环境的改善[15]。

Givoni等多次探讨了室外舒适度研究的方法论和实施问题。在日本开展的室外舒适度的研究涉及了空气温度的相对影响,太阳辐射和风速,以及热感觉和整体舒适感觉之间的关系,进而总结了在以色列特拉维夫大学进行的若干研究以及从这些研究中提出了一些实际的实验研究结果[16]。

城市的长期发展与建设会对微气候产生一定的影响。Ichinose通过研究日本城市的风热环境发现,城市发展带来的土地利用变化以及伴随发生的气候变异极大减弱了太平洋季风在沿海城市的通过性,使人类居住环境的通风能力大大降低[17]。

相关研究表明,建筑布局和形式与微气候环境和能源消耗具有相关性。Barton等致力于改善人类居住环境微气候的研究,基于可持续发展住区的设计理念,对各类住宅建筑的布局和建筑形式进行了深入探讨,在保证自然通风的同时考虑建筑能耗的降低[18]。Emmanuel着重研究城市设计对城市微气候的影响和改善,提出通过改变城市建筑的布局和形式来引导风向风速的变化,从而改善大城市中的微气候调节现状;将建筑能耗和交通环境等问题作为影响气候敏感性的主要条件,利用建筑形式和布局的变化来达到降低建筑能耗和改善微气候的目标,提出通过改善城市微气候来提高环境舒适度的策略[19]。

Harayama等为评估夏季行人热舒适度,利用非稳态计算流体力学(computation fluid dynamics, CFD)方法进行计算和模拟,并选择了某住宅区进行模型校验,实验发现具有较高的拟合度,从而提出通过建筑排列组合、形状设计以及植物的布置等手段来改善室外热环境的舒适度[20]。

Littlefair等从住区的能源消耗的角度入手,研究了住区不同的建筑布局与能耗之间的关系,同时分析微气候环境中风环境与热环境在不同布局中的变化情况,探讨了室外空间环境对城市环境和城市气候舒适度的重要影响,从城市布局、设施布置和局部设计的角度提出了解决城市热岛效应问题、改善城市微气候、减少空气污染的策略[21]。

Baskaran等在针对住区微气候环境的研究中提出,住区规划与设计要以微气候变化为依据,充分考虑户外环境对居民的影响,各学者均利用 CFD 软件模拟技术,将理论知识结合计算机模拟技术,重点研究了住区微气候中风环境与建筑模式之间相互影响的关系[22-25]。

阳光、风速、降水等气候因素的变化对微气候的影响巨大。Merrens通过研究城市室外空间的气候影响因素，发现阳光和建筑物阴影对人的舒适度有巨大的影响作用，并运用计算机对室外空间微气候影响因子进行分析，提出了行之有效的多项措施[26]。

Honjo提出，可以通过对温度、风速和日照等气候影响因子的改变来降低能耗并改善微气候[27]。

高密度城市的不断发展对环境的微气候影响显著。Steemers研究了城市密度、城市建筑和城市的能量运输之间的关系及其对城市微气候的影响[28]。高层高密度住区建筑是城市发展的普遍趋势。Ng等研究了高密度城市的微气候影响因素，通过实际测量和软件模拟计算等方式，发现合理的植物种植方式和植物覆盖对于城市微气候改善有较大的积极影响，特别是在人的暴露区域布置绿化设施可显著提高舒适度[29]。

Giridharan等同样将高密度城市作为研究对象，以期得出高层高密度住区的温度与微气候的影响因素。研究发现，植物种植对微气候影响极其有限，需要通过天空可视因子（sky view factor, SVF）等因素的改变方可产生直接影响，这对于高层高密度住区的微气候研究提出了更广视角下的影响因子考量[30]。

1.4.1.2　户外热舒适度的相关研究

1.研究内容

热舒适是建筑学较为古老的研究领域之一，国外学者对于热舒适的研究可以追溯到20世纪早期。Winslow等供热和通风工程师承担了早期的热舒适研究，他们的研究多是在实验室进行的，以测试者与他所在环境的能量交换为基础，以此获得测试者对环境物理条件的主观口头表述，例如"热""舒适""不舒适""冷"等。尽管他们提出了热舒适区间的概念，但当时的研究主要以发现一个"有效温标"为主要内容[31,32]。在此之后，Olgyay（欧尔焦伊）提出了评估热环境满意的不同方法，并结合独立建筑的相关要求，绘制了"欧尔焦伊生物气候图"，将微气候环境与舒适度进行了关联[33]。20世纪60年代和70年代，关于热舒适的研究范围逐渐扩大，由室内逐步向室外扩展，出现了多个评价热舒适的指标，适用于户外环境的热舒适指标研究也逐步得到发展[34]。

从已有研究成果来看，影响室外热舒适度的因素主要包括物理因素、生理因素和心理因素。之前许多学者已经研究过户外微气候环境、户外热舒适性与户外活动三者之间的关系[35-40]，但是详细的微气候环境分析与热舒适性评估在近十年来由于城市气候学和生物气象学领域的技术进步才得以广泛地开展[41-43]。

近年来国外对于热舒适性的研究逐渐增多，出现了一个新的评价指数生理等效温度（physiological equivalent temperature, PET）。它首先由Hoppe在1999年提出，利用此指数可以评价城市中不同热环境，包括由不同规划变更引起的热环境变化的结果以及不同种类的绿化或增加绿色植物对微气候环境变化的影响。匈牙利和德国的多位学者通过对城市中不同公共空间进行实测，借鉴Rayman模型，结合实测数据计算平均辐射温度（mean radiant temperature, MRT）和PET，通过对计算结果的统计与分析评价太阳辐射强度，评估城市中不同空间微气候环境的舒适度[44]。

Nikolopoulou等英国学者研究人们室外活动的特征以及随之变化的人体热参数，探讨了处于不同因素影响下的外环境的人群如何与外环境进行交互[45]。

Harlan等多位美国学者通过对凤凰城8个社区进行长时间的实测及对实测数据的计算，将户外人体热舒适指数（human thermal comfort index, HTCI）作为热应激指标，论述了各社区整个夏天的耐热性与其布局的关系[46]。

Gaitani等以埃及雅典城为研究对象，在城市中选择具有代表性的12个测点进行空气温度、太阳辐射强度、风速、相对湿度、草坪和沥青路面的地表温度、人体在不同活动时的新陈代谢率、服装热阻等近30个因子的实测，并利用TS-Givoni模型和Comfa法对实测结果进行计算，以评价12个测点的微气候舒适度[47]。

Walton等选取新西兰惠灵顿的公园和露天广场，Ochoa等选取纽约时代广场的屋顶花园和户外空间为调查点，通过室外的现场调研获取大量数据，通过建立回归方程分析了室外微气候因子对人体户外热舒适度的影响[48,49]。

Metje等以城市公共空间室外流动人群为研究对象，对英国伯明翰户外人群进行了调查分析，共得到8000多个有效数据，利用田野调查分析法对调研结果进行统计，并采用多元回归方法和风洞测试法探讨了户外活动人群舒适度与微气候因子之间的关系[50]。

Ono等利用数据建模的方法，通过测量人体模型在户外环境中的热对流系数，结合风洞试验，对人在强湍流环境中的户外热舒适度进行了评估与分析[51]。

中国学者联合德国学者对不同类型户外空间的土壤温度和湿度进行了深入研究，以期找出微气候和土壤热环境的关系，通过大量的数据实测和计算模型ENVI-met模拟，分析了土壤热环境与微气候环境的相关性[52]。

中国学者与美国学者合作研究了空气、声环境、阳光和热舒适度等气候影响因素对于住区微气候的影响。通过对住区的实测和调研勘察，证实了热舒适度在所有影响因子中具有突出重要性[53]。

Nikolopoulou等也是较早通过室外热舒适研究来强调对人们行为的影响的。其研究框架和分析程序对这一领域之后的研究有很大的影响。Nikolopoulou等在2006年利用田野调查法对五个城市的微气候因子和室外环境使用者进行调研，包括气温、太阳辐射强度、着衣情况、户外活动时间、活动方式、个体的忍受程度等，重点研究了各微气候因子与舒适度之间的关系[54]。在他们的研究中，选取了英国城市剑桥的休息区作为研究对象，收集了使用者的主观热感觉、环境特性（空气温度、太阳辐射强度等）以及使用者的个体特征（年龄、性别、着衣等）等数据，虽然研究者观察到舒适条件下有更多的人会使用该空间，但研究最重要的发现是，受访者的实际热舒适感觉即实际热感觉投票

（actual sensation vote, ASV）和理论预测如预测平均投票（predicted mean vote, PMV）
所描述的热舒适条件差异很大，只有35%的受访者在可接受的理论范围内感觉舒适，
而大多数使用者感受到的是环境过热或过冷。他们认为单独的生理学方法不足以评价
热舒适性，因此建议强调室外空间的热舒适条件即"热历史"和"记忆和期望"的重
要性[55]。

　　因此，在使用相同案例研究的后续讨论中，Nikolopoulou和Steemers将热适应总结为
身体、生理和心理三个方面[56]。在他们的研究中，通过回归分析证明只有约50%的客
观和主观之间的舒适性评价差异可以通过物理和生理条件来解释，因此他们推测，差异
是归因于心理因素如过去经验、感知控制、接触时间、环境刺激和期望。他们建立了各
种心理适应的参数相互影响之间的关系网络，并从规划的角度出发，讨论了在微气候环
境下如何通过设计增加户外空间的使用，并指出对这些影响因素的运用不会限制设计解
决方案，反而会补充其在该设计中的作用。虽然这一想法是很好的，但正如研究者承认
的，由于指标间相互关系过于复杂，尚没有量化关系的设计方案可以实现这个想法。

　　从城市设计的角度来看，Zacharias等试图在小气候环境和城市开放空间之间建立
一个量化的联系。他们在加拿大城市蒙特利尔市中心区的北部选取了七个企业广场和
城市广场来研究局部微气候和使用水平之间的关系，主要测量人们的出席水平和三种
类型的活动，即坐、站立和吸烟。通过多个回归分析和方差分析（analysis of variance,
ANOVA）测试，研究者发现微气候变量主要是温度和太阳辐射，在研究中占有约12%的
比例，而空间中的地点和时间要素各占38%和7%的比例。"坐"这个行为和气温之间存
在很强的线性关系[57]。值得注意的是，研究者指出了将微气候环境因素用于预测城市
建成区项目空间规划过程中使用者出席行为的意义。但是，他们也注意到人的出席行为
并不一定意味着他们对微气候环境感到满意，并建议在考虑是否要改进空间设计标准时
将舒适的感觉作为补充，用于评判空间中人的出席水平和活动类型。在这方面，他们研
究的主要缺点是缺乏对受试者进行热感觉反应的生理分析。

　　Thorsson等研究了瑞典哥德堡市公园休息区的热生理条件对人的行为模式的影响。
他们的研究采取了调查的方法，访谈了约280人，并利用调查表收集他们到访公园的理由
和他们对公园的设计意见。受访者的主观热感觉通过七点量表法心理物理学进行评估，
客观的热舒适用PMV值来表示，并将PMV与ASV进行比较。其结果类似于Nikolopoulou
的研究，ASV和PMV之间存在明显的差异，即59%的受访者感觉温暖或炎热，而PMV的
预测仅为23%，38%的受访者认为舒适，而PMV预测只有26%。PMV曲线偏向暖区的事
实表明，参观公园的人自愿将自己暴露在理论上远远超出可接受的热舒适范围的阳光区
域。研究发现：瞬时暴露和热预期可能对主观满意度评估有重大影响；稳态模型如PMV
可能不适合短期室外热环境的评估。此外他们还提出了初步规划建议，如创造多样性的
微气候环境，以增加人们物理和心理方面的适应性，使人们更多地使用户外空间[58]。

　　Katzschner在德国卡塞尔开展的室外热舒适环境对户外运动的影响研究是另一个值得
关注的案例。该研究基于欧盟Ruros项目，旨在提供测量技术以及易于在城市规划中使用
的评估方法。使用舒适指数PET进行室外热舒适性评价，PET的热中性范围为18～21℃，
研究者设计了简单的微气候测量实验以测量和计算太阳辐射和PET，观察小餐馆附近的
开放空间并和计算得到的PET进行比较，发现大体上符合Thorsson等的研究结论，也就是
人的行为取决于室外热条件，但也受到个人期望的影响。例如，即使客观PET超过中性
条件，人们仍然会从有空调的建筑物里出来寻求阳光。这使评估结果对规划者和决策者
更具有信息性和可评估性[59]。

　　Thorsson等对日本东京的一个卫星城中的公园和广场进行了热舒适研究。PET指数
用于定量衡量人的客观热条件，认为PET近似20℃时是舒适的。同时，通过问卷调查
用九点量表来评价1192个受试者的主观热感觉，PET曲线也是偏向暖区。一个重要的发
现是，人们的感知热条件在可接受的舒适区内时，倾向于保持更长的停留时间（平均
19～21min，相比于他们的感觉在舒适区域外时的平均11min）。与以前的研究结果不同
的是，热环境对空间的使用如总出席率的影响不显著。例如，回归分析表明，总的出席
率和PET的相关性非常弱，R^2对于广场空间为0.001，对于公园空间为0.24。这种不一致
是由研究者在另一篇文章中所提到的文化和气候差异引起的。研究还发现，公园的使用
比广场的使用受微气候的影响更大，这归因于空间的不同功能类型。城市空间的社会作
用在气候和行为中的作用更值得注意[60]。

　　Nikolopoulou和Lykoudis进一步明确地将社会和环境目标纳入对希腊雅典的室外空间
日间使用模式的调查中。他们在研究中选取了一个邻里广场和一个海边休息区，通过对
1503位受访者的访谈和对空间的功能划分，并特别考虑了以具有社会经济学特征的"受
欢迎的地点"来解释功能的多样（例如信息亭、咖啡店之间的功能区别），使用统计方
法，将空间的使用描述为各种气象参数的函数，但是研究结果显现为低相关性（大多数
情况下$R^2 < 0.1$）——考虑到受试者的复杂性就很容易理解了。尽管如此，仍可以看到微
气候对不同功能空间的影响模式是不同的（例如，与太阳相关的出席行为）[61]。

　　在Eliasson等的研究中，城市空间的功能扩展更加多样化。他们对瑞典哥德堡的四
个城市公共空间（广场、公园、庭院和海滨广场）进行调研，共访问1379人；对被感知
的城市环境从功能性和心理性的角度进行评估，通过总出席率和情感满意度来衡量。分
析显示，出席率与空气的清洁指数、空气温度、风速的相关性占到50%以上，表明这三
个气候因素对人的行为评估有显著影响。虽然海滨广场具有独特的美学价值、美感和
愉悦感觉，但是社会功能没有被考虑进去，至少与行为模式和使用方面未呈现出相关
性[42]。

　　除了物理因素对户外热舒适产生影响外，生理方面的不同也造成使用者的舒适性差
异，如使用者性别、年龄和身体基础代谢值等。Nasir等对马来西亚的一座湖滨公园的使

用者进行观察研究，发现男性使用者与女性使用者的热舒适性存在较大差异，其他因素则影响不大。与之相近的一项研究是Lai等在南京开展的，研究对象为学生群体，结果与之前不同，发现男女同学之间的热舒适性具有相似性，无明显差异[53]。

Makaremi等对遮阴空间进行了更为细致的划分，研究对象为马来西亚一座大学校园的室外遮阴环境，将遮阴空间划分为实体遮阴空间（建筑物或构筑物构成的遮阴空间）和半透明体遮阴空间（植物绿化形成的遮阴空间）两种形式，根据观察不同遮阴空间的使用者行为特征，并结合微气候测量与问卷调查，发现使用者更倾向于使用由植物绿化形成的带缝隙的遮阴空间。

上述研究都在温和气候地区进行，温暖的气温和阳光是影响人们使用户外空间的积极因素。与此不同的是，Lin研究了热带和亚热带气候地区城市的人体热感知和热适应性与广场使用的相关关系。这项研究将一年分为"凉爽季节"（12月至次年2月）和"热季节"（3月至11月），进行两个季节的物理测量，并使用舒适指数PET通过ASHRAE（American Society of Heating, Refrigerating and Air-Conditioning Engineers）七点量表对505人的热感觉投票（thermal sensation vote, TSV）进行了统计，同时，通过高分辨率照片计数广场中的人数。一个重要的发现是，全年的热可接受PET范围是21.3～28.5℃，这明显高于温带气候地区城市的18～23℃，表明生活在不同气候区的人群有不同的热偏好[62]。Knez和Thorsson研究日本人和瑞典人对微气候环境相近的公园的舒适性时发现，在客观的热舒适指标相同的状况下，瑞典人产生更多的是偏冷的感受[63]。

2.评价方法

热舒适评价一直是各国学者重点研究的内容之一。Fanger在1970年提出的预测平均投票PMV和预测不满意百分比（predicted percentage of dissatisfied, PPD）是以实验室为基础研究热舒适最著名的成果，现在的学术研究中也有较多学者使用它们作为热舒适度的评价标准。Fanger提出，假定一组环境变量，包括干球温度、平均辐射温度、水蒸气分压和相对风速，以及假定代谢率和人们的服装习惯，对受访者的热感觉可以利用七点标度进行计算[64]。

1.4.2　国内相关研究现状

1.4.2.1　微气候相关研究

改革开放以后，城市住区环境优化逐渐成为国内学者的研究热门，不同学科之间相互交叉促进了城市住区环境规划理论的快速发展。

基于中国知网数据库检索结果可知，微气候的相关研究涉及建筑科学与工程、气象学、轻工业、手工业、园艺、林业、环境科学与资源利用、电力工业、农作物、农业基础科学、生物学等学科，从1950年第一篇涉及微气候研究的文章——么枕生的《由土壤温度论微气候》，到2014年的641篇微气候相关论文，微气候的研究逐渐受到国内的关注。

通过对文献的梳理总结，了解到国内微气候的研究一般从热环境、风环境、光环境、湿环境、声环境入手，与城市的各个空间产生关联，研究空间形态对微气候环境的影响，进而指导空间的改善。也有部分研究涉及微气候对人体的舒适度感受的影响。承载微气候研究的城市空间环境一般从城市的整体格局、形态到城市的重点地段，具体的空间包含城市商业区、滨水区、景区、公园、城市街道、住区、地下空间、城市广场等。近些年微气候的相关研究又与城市能耗、基础设施、热岛效应、冷岛效应、环境污染等进行关联分析。就微气候住区的研究来看，已经从单纯的住区衍生到了生态住区、低碳住区、健康住区等领域。此外有关微气候的研究有城市气候区划、城市气候图、微气候影响因子、舒适度模型、空间环境模拟等。微气候对人的影响是最直接的，已有的研究大部分是基于舒适度。国内对于微气候的主要研究成果来自各大高校，因各个高校所处气候区不同而各有特色。按照研究单位，把涉及城市空间尤其是住区的一些微气候研究的文献介绍如下：

清华大学的李丞在《基于规划要素的住区热环境特征研究》中对理论进行分析，对地热环境进行测试，确定了影响住区热环境的一些主导因素，利用SPOTE模拟平台，对住区各个规划要素和热环境特征进行了研究。研究表明，地面辐射热和通风是影响住区热环境的主要因素；进一步的研究表明，建筑高度和下垫面、绿化布局等方面可以改善住区的热环境[65]。

东南大学张涛的《城市中心区风环境与空间形态耦合研究——以南京新街口中心区为例》，孙欣的《城市中心区热环境与空间形态耦合研究——以南京新街口为例》，钱舒皓的《城市中心区声环境与空间形态耦合研究——以南京新街口为例》[66-68]分别从风环境、热环境、声环境的角度探讨微气候环境与城市空间形态的耦合关系，分别构建了城市中心区风、热、声环境的评价策略，是典型的微气候环境与空间环境的二元关系研究。

天津大学邹源的《光环境测试系统精确性研究》[69]首先对光环境的相关理论进行了归纳，确定了理论基础，在实际测试的过程中用数码相机确定了实验过程中天然光变化的状况，之后运用多种技术手段，从技术的角度为建筑设计对光环境的考虑提供了新的支持。任跃的《中等热环境舒适性测试方法研究》也是从技术的角度探讨了热环境的测试的方法[70]。陈铖的《天津大学校园夏季室外热环境研究》以天津大学校园环境为研究场地，通过对夏季场地环境的实测和计算机数值模拟，研究了不同绿化率的环境设计对户外热环境的影响[71]。

华南理工大学刘立创的《某住区行人高度风环境的风洞试验研究》以广州新建住区为研究对象，研究行人高度的风环境，在总结了国内外住区风环境的研究后，提出了行人舒适感与风速的关系，根据行人活动类型的不同，提出了相适应的风速范围和可以接受的频率。研究通过找出住区建筑群的风环境规律，提出了改善住区风环境的规划策略，针对不同活动进行研究的思路值得借鉴[72]。刘静的《室外环境遮阳对住区热环境的影响研究》对广州市的10个住区和7个公园进行研究，对住区公共空间的遮阳设计提供了数据支撑和理论依据，为设计良好微气候环境的住区户外空间提供了依据[73]。

重庆大学甘源的《住区热环境规划与微气候设计研究》研究了城市热岛形成的机制，从总体规划和详细规划的视角提出了改善的措施，建立了热岛效应缓解体系[74]。赵炎的《住宅小区室外热环境的实测与模拟》在总结了城市气候和建筑局部微气候的研究方法和模型后，利用CFD模拟住区热环境，总结了住区内部空气热环境、风环境分布特征[75]。金振星在《不同气候区居民热适应行为及热舒适区研究》中对国内外热舒适研究的发展现状进行了归纳总结，从热应激与热感觉的基本概念、人体对环境的生理心理行为的应激过程、人体热平衡模型、人体热反应模型和人体热适应理论等方面对动态环境下热舒适适应理论进行了全面的分析和介绍[76]。窦懋羽的《重庆市住宅小区热环境分析和设计策略研究》对小区热环境进行分析研究，提出了相应的设计策略[77]。吴鑫的《基于CFD技术的住区室外风环境设计研究》对住区的风环境进行了研究[78]。

西安建筑科技大学李维臻的《寒冷地区城市住区冬季室外热环境研究》对寒地住区冬季热环境进行了研究[79]。孟晗的《高层住宅小区风环境数值模拟研究》对高层住宅风环境进行了模拟研究[80]。刘世文的《青藏高原住区微气候及调控方法研究》对高原寒冷地区的住区微气候调控手段进行了研究[81]。乔慧的《寒冷地区住宅的风环境及相关节能设计研究》对住宅风环境进行了模拟[82]。

哈尔滨工业大学的学者们针对寒地公共空间的微气候环境从不同的研究视角进行了探讨。赵天宇和李昂从寒地城市住区公共空间冬季适应性角度入手，利用空间句法对居住区微气候环境进行模拟分析，初步将计算机数字模拟应用到住区公共空间的规划设计中[83]。陆明等从住区能源角度出发，以哈尔滨新建高层住区为例，运用Ecotect光环境模拟软件对住宅立面和不同季节的太阳辐射进行模拟分析，对不同住区布局模式对比得出较优模式[84]。伊娜和冷红借助灰色关联度的研究方法结合CFD软件模拟得到的微气候因子数据序列，对严寒地区五种不同布局模式的住区微气候环境进行了比较分析，探讨以量化分析的方法进行住区布局规划设计的可行性[85]。伊娜在《哈尔滨高层住区开放空间建筑布局与微气候关联度研究》中对研究对象进行多日的实地调研，并且利用微气候环境软件分析不同住区布局对微气候因子的影响，为高层住区的规划设计提供了相对客观的量化数据储备。姚雪松和冷红以哈尔滨典型高层住区为例，以风环境为主要研究内容，通过软件模拟与实测数据比较分析，为高层住区户外微气候环境优化提出规划设计对策[86]。马彦红在《基于微气候热舒适的哈尔滨住区街道空间评价研究》中以不同类型的街道数值模拟结果为依据，利用多种模拟手段，构建了全类型街道各角度、各层次的微气候热舒适性结果，提出了针对寒地住区微气候热舒适较为合理的街道类型选择的建议。蒋存妍在《基于气候舒适范围分析的哈尔滨住区中心绿地周边布局研究》中对哈尔滨30年间主要气候数据进行了整理与研究，并结合软件模拟分析各住区模拟工况的体感温度，依据数值模拟结果，建议结合微气候因子补偿的方式从住区建筑布局的角度进行环境优化。

李宝鑫等以河南省鹤壁市某住宅小区为例，通过计算机模拟室外太阳辐射与风环境，以此为依据调节和优化住区的建筑布局[87]。张伟从住区绿地布局角度入手，针对不同绿地类型建立多种比较模型，并引入户外热舒适度指标，结合ENVI-met微气候模拟软件对四个气候因子（住区温度、风速、舒适度、PM_{10}浓度）与住区绿地之间的相关性进行分析[88]。李晗等利用三节点动态热平衡方程结合ENVI-met软件模拟对三种不同布局模式的住区室外公共空间微环境进行比较分析，利用数值模拟的方法进行多方案比较[89]。李建成等以夏热冬暖地区的住区为研究对象，利用软件分析对同一住区的两个规划方案的热环境进行对比分析，探讨户外空间日照阴影状况，并且通过计算阴影率评价住区热环境，为住区环境评价提出新的衡量标准[90]。郑洁以夏热冬冷地区住区户外空间微气候为研究对象，重点对比分析了户外空间各构成要素对微气候环境影响的程度，利用流体分析软件针对夏热冬冷地区住区户外空间组合、道路、绿地、水面、墙体等多方面提出规划策略[91]。李云平结合城市气候分区分析了寒地住区风环境的特征，从高层住区住宅高度、平面布局两方面探讨了对室外风环境的影响，并以此为基础确定以风速作为微气候舒适度的评估标准[92]。都桂梅从风向角的角度研究了住区户外风环境状况，通过CFD数值模拟建立了Navier-Stokes回归方程以及相关数值离散和求解方法，定性和定量分析了不同住区布局风环境与风向之间的变化关系[93]。甘源基于城市尺度与街区尺度的热岛效应形成机理的分析，利用PHOENICS数值模拟，并结合流体力学，对城市住区热岛问题进行了探讨分析，以优化微气候环境为目的提出了热岛缓解体系[74]。王玲将城市气候设计的理念引入哈尔滨高层住区的规划设计中，深入研究微气候环境与住区布局之间的辩证关系，结合软件模拟技术为哈尔滨市具体规划提出相应的实施策略[94]。吴晓冬利用CFD软件模拟和BIM信息模型的技术手段，以西安城市住区的空间形态为研究内容，量化分析住区的微气候环境与舒适度，从住区容积率、建筑密度、绿化植物配置比例等方面提出改善寒冷地区住区环境质量以及合理布局的相关策略[95]。王伟武和邵宇翔对杭州某高层住区三维空间的热环境进行观测，通过实测地面、下垫面和墙面三个层次的温度，提出改善高层住区室外公共空间热环境的相关策略[96]。崔浩等从住区风环境、住区平面组合、空间布局、住区日照、湿度环境五个方面对寒地住区微气候环境优化展开探讨，集合多种分析方法提出优化微气候环境的策略[97]。

1.4.2.2　户外热舒适度的相关研究

国内关于户外热舒适度的研究近年来逐渐受到各领域学者的关注,主要以各高校学术研究为主。在我国,热舒适的研究属于空间物理环境的研究范畴,包括建筑物理环境、城市物理环境和风景园林物理环境等。开展热舒适研究的主要领域集中在建筑技术方向[98-100]、城乡规划技术方向[101-105]和风景园林小气候方向[106-110]等,各方向的研究既有侧重,也有交叉,不同领域都在试图通过不同空间尺度和作用要素的手段来提升热舒适。

罗庆利用数字图像技术原理,将微气候环境因子以数字形式储存在图像中,将抽象的量化分析转换成直观的图像分析,为户外舒适度的研究提供了新的思路[111]。唐鸣放等以户外空间遮阳方式为切入点,分析户外公共空间不同遮阳效果对环境微气候的影响,进而探讨了如何提升户外公共空间的微环境热舒适度[112]。

朱岳梅等针对夏季温度高、太阳辐射大、人体的舒适感受较差的气候环境问题的研究表明,通过提高城市绿化率和降低建筑的运行能耗等规划设计,可缓解城市化过程对环境热气候的影响,以及缓解气候对人体产生不舒适的影响[113]。饶峻荃主要研究了城市热岛问题,针对广州市街区尺度和建筑特点对热环境和舒适度进行了分析,通过实测与软件模拟提出了舒适度的评价体系,建立了评价模型,从不同层面研究了街区的尺度与城市热环境舒适度之间的关系[114]。麻连东以哈尔滨市区多层住区为例,研究住区不同布局之间微气候环境的差异,基于国家人居舒适度评价标准对不同布局情况的住区微气候舒适度进行比对分析,为严寒地区住区提升户外舒适度的规划设计提供了相关策略[115]。

随着城市发展规模的不断增大和发展速度的加快,在人民生活水平提高的同时,人口的稠密度也在不断增加,钱炜等就此问题通过对公共空间热舒适性的调研发现,人体舒适度与人口稠密度有着紧密的联系,结合调研数据建立了评价户外热舒适度(outdoor thermal comfortable degree, OTCD)数学模型,以更好地检测城市户外规划与设计是否与人体热舒适度相契合[116]。

曾煜朗通过研究城市步行街道的室外微气候与人体舒适度的关系来探讨并给出对于城市步行街道及其周边景观的设计方案及建议,从而在夏热冬冷的区域建立与人体舒适度相契合的室外微气候[117]。

卜政花等以夏季广场和草坪为研究对象,由遮阴条件不同对不同类型的草坪进行了比较分析,研究表明广场上的树荫和草坪对降低广场及周边温度和增加湿度的效果明显,有利于调节城市微气候,保证人体舒适度[118]。

晏海等主要研究了植物群落对于城市微气候及人体舒适度的影响,选取了8个不同的植物群落,通过科学的研究手段,得出了植物群落对于城市的空气温度、光照强度、相对湿度都有影响，而不同的植物群落的影响值也存在着差异，但总体来说，植物群落可以有效调节城市微气候以及人体舒适度[119]。

与以往的室内环境和城市热岛效应研究相比，薛俊杰将侧重点更加偏向于户外热舒适度的评价和分析，对徽州传统聚落的微气候环境进行了定量评估，并通过户外热舒适度OTCD评价模型对改善微气候舒适度的因子进行分析，提出了相应策略[120]。

冯丽等以北京市婴幼儿为研究目标人群，以北京市昌平区某小区为调查对象，结合城市微环境舒适度与居住区景观设计规划的相关知识，利用Ecotect软件对微气候环境进行模拟与分析，合理地制定出适用于婴幼儿的户外微环境规划方案，意在为婴幼儿提供一个安全、舒适的户外活动空间[121]。

茅艳在全国四个气候区选取12个城市进行实测，结合大量数据分析了不同气候区人们室外活动行为与微气候舒适度之间的关系，建立了舒适度适应性模型，通过研究不同地域居民的居住环境给出不同的解决方案，并结合各气候区的热环境特点制定了被动式气候设计策略[122]。

蔡强新以20世纪70～80年代的居住区为研究对象，通过对既有住区的物理数据的整理，结合统计学和软件模拟分析，提出了运用于住区户外活动空间的舒适度分析方法[123]。

陈睿智、董靓等针对湿热地区旅游景区的微气候舒适度开展了一系列的研究[124-127]：在《基于游憩行为的湿热地区景区夏季微气候舒适度阈值研究》一文中以成都杜甫草堂为例，探讨室外空间休憩行为与微气候舒适度的关系，研究以游客的视角出发，为改善景区微气候环境提出了舒适度阈值；在《湿热气候区旅游建筑景观对微气候舒适度影响及改善研究》一文中对湿热气候地区的建筑及景观实地监测数据进行分析，意在通过改善景区建筑的规划设计、建筑材质等调节景区的微气候环境的舒适度，以此改善游客的游憩行为，为游客提供舒适、安全的游览和休憩的环境；在《湿热气候区旅游景区的微气候舒适度研究》一文中通过对景区的小环境及微气候环境的合理设计和规划，自然地调节舒适度，加大对能耗的研究，并从管理者的角度探讨了微气候的改善，意在为游客提供良好、舒适、安全的游憩环境，以此来促进景区的可持续发展，有利于长期的吸引游客；在《国外微气候舒适度研究简述及启示》一文中对国外近几年关于微气候舒适度的相关文献进行了整理，归纳和总结了微气候环境舒适度的评价方法和应用方法。

1.4.3　国内外研究现状总结

国内外关于舒适度的研究涉及多个学科与领域，经过多年来不同学者的不断深入研究，已经取得了丰富的成果。最初的研究主要以学术讨论为主，结合气候学相关模型公式进行书面的描述和总结，之后主要以实地观测与软件模拟获取数据，量化分析人在环境中的舒适度，近些年的研究则主要集中在环境舒适度的层面，从人的直观感受去探讨微气候环境的优劣。

国内外对于微气候环境的研究方法与内容越来越丰富，涉及的学科日益广泛。但是通过总结发现，早些年各国学者的研究区域主要集中在城市大范围的微气候分析方面。近年来，小范围的微气候环境研究逐步开始，并且取得了较为系统的研究成果。住区微气候环境的研究与人们生活息息相关，也成了研究的热门话题，对住区的规划设计及评价中，微气候环境作为一项重要的参考指标得到越来越多的重视。微气候的研究最早来自西方国家，西方学者较早地意识到除地质环境以外的空间组成部分——气候环境，发现了它会影响和制约人类的生存空间。无论是在气象学领域还是微气候领域，相关研究都得到了长足的发展，并且出现了许多交叉学科的研究。我国虽然对微气候的相关研究起步较晚，但是近些年已经有较多的研究成果，在寒冷、冬冷夏热、湿热等不同气候特征的地区都开展了较多的相关研究。值得注意的是，国内对于微气候设计的理论研究比较薄弱，特定气候地区的气候设计理论更少。

另一个重要的相关研究领域是环境行为学。脱胎于环境心理学的环境行为学兴起于20世纪60年代，关注环境与人的行为的相互作用关系，建筑学和城市规划学作为构建人类环境的主要学科，逐渐开始对环境行为学加以利用。环境行为学的发展逐渐成熟，但是特定空间的环境行为学研究还不成体系。总体上，我国城乡规划学相关领域的研究者已经开始重视对环境使用者的行为和心理的研究，借助环境行为学的研究方法对人的需求、行为习惯等进行分析。但是，国内对于环境行为学在规划领域的应用研究还没有形成完整的体系，对城市开放空间的行为研究相对较多，对住区空间的行为研究较少。

1.5　研究内容与方法

1.5.1　研究内容

本书以寒地气候特征、住区功能优化为研究背景，明确研究目的和意义，借助国内外相关理论与实践研究，梳理研究方法、技术路线及内容框架；利用环境行为和微气候的相关理论，分析研究过渡季节的哈尔滨市住区公共空间内的人群环境行为特征，测试住区公共空间的微气候环境，利用舒适度模型计算住区公共空间的舒适度；通过数理分析，研究住区公共空间微气候环境和使用者行为活动之间的相互影响关系，提出适合使用者特征的寒地住区公共空间设计策略。

第1章确定研究主题。通过阐述研究背景、研究目的及研究意义，明确研究的原因及研究的大方向，对使用较为频繁的概念进行界定，并对国内外相关研究进行梳理，对现有研究的不足和未来发展的趋势做总结，从中发现现有研究的薄弱环节，作为本研究的方向与核心内容。

第2章对相关的理论及基础进行总结。从寒地住区公共空间微气候特征、微气候环境对行为活动的影响和人体热舒适及其与微气候环境的关系三个方面建立人–空间–微气候环境的关系。首先对规划设计研究的空间主体——住区户外活动空间进行相关理论的总结，其次对环境行为学理论、微气候、人体热舒适的相关理论的研究进行阐述，最后阐述住区公共空间微气候环境的影响因素，为后续的住区空间热舒适性的研究提供理论依据。

第3章为实地调研实测与分析。介绍具体调研方案的设计，通过对住区典型空间的微气候环境的实测分析，得出影响微气候环境的空间因素，通过调研问卷、现场访谈和行为注记的方法获得使用者的相关数据；在此基础上，建立舒适度评价模型，通过关联分析得出微气候舒适度与使用者行为之间的关系，总结影响微气候环境的各要素与户外舒适度之间的关系，为进一步的软件模型模拟及微气候环境改善的相关性分析提供基础。

第4章和第5章为住区广场空间尺度与微气候环境改善的相关性分析。通过调整三个住区广场与周围住宅的空间尺度，建立不同模拟工况，对问卷调查的舒适度分数进行整理，借助ENVI-met作为模拟软件对各工况进行模拟，从模拟结果中提取影响微气候环境的模拟数据，并对各模拟工况进行计算，之后对主导住区公共空间规划设计的空间要素与微气候环境改善进行相关性分析，并根据分析结果从住区公共空间尺度层面对其规划设计提出建议。

第6章在前几章的研究基础上，从住区场地规划与设计、住区公共空间活动场地规划与设计、住区公共空间绿化景观规划与设计、住区公共空间环境设施与小品设计几个方面，对严寒地区住区公共空间提出了较为全面的优化设计策略，为形成严寒地区住区的冬季友好公共空间提供有效手段，为今后严寒地区住区的规划设计提供一定的理论指导。

1.5.2 研究方法

（1）文献研究

本研究针对住区公共空间、微气候环境、户外热舒适度等内容查阅了大量文献资料，并在第1章国内外文献综述部分进行了梳理，为本次研究提供了理论基础。

（2）实地调研

本研究主要通过观察、摄影、科学仪器测量等方式获得大量实测数据，并对实测数据进行量化分析。

（3）问卷调查

本研究对住区公共空间的舒适度与满意度进行问卷抽样调查，了解与住区公共空间微气候环境相关的各要素对环境影响的程度，利用问卷调研获取相关数据，使后续研究具有更为可靠的现实意义。

（4）计算机模拟

本研究利用微气候模拟软件ENVI-met对不同住区公共空间的微气候环境进行模拟分析，利用软件分析提取影响微气候环境不同参数的大量数据，为户外舒适度计算提供基础数据支持，确保研究的科学性。

（5）统计分析

本研究在不同章节都需要科学系统的统计方法对大量的数据进行整理与分析，并结合曲线图、柱状图等图表分析，使分析结果更加具有说服力。

第2章 严寒地区城市住区公共空间相关研究基础

2.1 城市住区公共空间研究

2.1.1 城市住区类型及其特点

城市住区按照不同的分类方式，可以分成不同的住区类型。按照不同建设方式，居住区可分为自建居住区和他建居住区两种。按照不同层数，居住区可分为低层居住区、多层居住区和高层居住区。按照不同建筑密度，居住区可分为高密度居住区、低密度居住区和中密度居住区。按照不同社会容纳度，居住区可分为封闭式居住区与开放式居住区。按照不同居住社群，居住区可分为非专类居住区、专类居住区。专类居住区一般考虑居住区位，涉及交通方便程度、周边设施配套与景观环境等方面，同时价格、居住区内部环境、户型设计、施工质量、开发商的品牌信誉等也会成为被考量的主要方面，居住者经济能力相似，价值取向相似。专类居住区有些规模很大，具有明显的住户职业定位，其管理模式也与一般居住区不同，种类丰富，有一定的特色设计要求。按照不同功能混合类型，居住区可分为纯化型居住区和混合型居住区。纯化型居住区内部，居住功能占有数量与强度上的绝对优势，其他功能所占比例非常小，多半只是一些为居住区服务的必要的公共设施。纯化型居住区大片开发有利于降低单位成本，形成特定风格，树立自身商业品牌，风险性低；同时，纯化型居住区连绵集结易产生大量通勤交通，使道路网的负担在不同时段差别过大，间接增加了城市的运营成本，明确的规律化运动也为城市犯罪提供了温床，过度纯化会产生更多、更大的城市问题。混合型居住区有足够的居住领域，也有数量较多的其他功能，住区的整体功能状态是混合的，地缘情感易于培育，居住文化易于传承，节约城市土地、交通空间与时间成本，同时对削弱城市犯罪也很有帮助；但混合型居住区与工业文明的价值观相左，建筑风格不易统一，城市机能比较混乱，不利于大规模的复制生产和快速建设。

2.1.2 城市住区公共空间物质环境组成

从住区的用地组成角度来看，住区户外活动空间属于住区中的公共绿地部分。公共绿地是住区、小区、组团内公共使用的绿地，包括住区内公园、游园、带状绿地、公园绿地，也包含居民使用的活动场地和广场等户外场地，但不包含标准的运动场[128]。住区的户外活动环境组成包含以下8个方面。

（1）空间环境：物质性的实体环境，包括绿地、广场、活动设施等；

（2）空气环境：空气质量，如有害物质的浓度和种类等；

（3）声环境：住区户外环境中的噪声的强度；

（4）热环境：住区户外环境中由太阳辐射、气温、周围物体表面温度、相对湿度与气流速度等物理因素组成的作用于人、影响人的冷热感和健康的环境；

（5）光环境：住区环境中的由光照度水平和分布、照明的形式与色调、色彩饱和度、室内颜色分布、颜色显现等在室内建立的同空间有关的生理和心理环境；

（6）视觉环境：住区环境中视线组成的环境感受，包括住区空间质量和色彩等；

（7）生态环境：住区环境中的生物多样性以及对太阳能、风能等的运用；

（8）邻里和社会环境：住区环境内的社会氛围、治安、邻里关系、文化水平和修养等。

2.1.3　城市住区公共空间特征

从物质空间角度来看，住区的户外活动空间一般具有以下特征[129]：

（1）住区往往独立规划建设，住区外环境，尤其是自然环境与外界的联系被割断。

（2）住区的主要功能是居住，因此会忽略或降低住区外环境的建设，忽略居民对活动空间的需求。

（3）住区的户外活动空间往往被设计为填补空间，住区内建筑、道路分割后的空间往往比较破碎，较难形成完整的空间，有些空间是在视觉上产生了联系，但是功能和空间仍然是断裂的。

（4）住区的户外环境注重开放性，忽略了空间的层次性和私密性。

（5）住区户外环境作为住宅的附属品，具有商品性质。

（6）住区内居民的年龄层次、文化水平、爱好兴趣、职业、社会角色存在多样性，因此他们的需求也是不同的，对户外活动空间的需求也是多样的，因此住区户外活动空间的设计也需要多样。

（7）住区的户外活动空间虽然需要考虑较多的因素，但是功能实用依然是首先要考虑的，首先满足使用功能的和调节物理环境，之后再满足视觉审美和心理作用效果等需求。

（8）住区的户外活动空间的亲密度由近到远依次是宅间绿地、组团绿地、中心绿地，活动人数从多到少依次为中心绿地、组团绿地、宅间绿地。

（9）住区内的噪声主要来源为交通噪声以及人群和周边学校的噪声。

（10）住宅区内宅间距离要考虑住宅的日照间距，满足住宅的日照，而对住宅间的场地光照没有要求，因此大部分住区户外场地处于阴影下。

（11）没有地下停车区的住区的户外场地大部分被停车占据，影响户外环境的使用感受和视觉效果。

从社会空间角度的来看，住区的户外活动空间具有以下特征：

（1）住区户外活动空间中的居民同质性低，流动性较强，随着社会的发展和居住形式的改变，住区内邻里关系比以往的时代冷淡，居民之间的交往密度变低，频率减少，很多居民对此也不满。

（2）整体层面上，住区的居民对空间内的公共事务参与度较低，对住区的归属和忠诚度较低。

（3）住区公共空间内居民信任度较低，培养信任度需要较长时间，因此居民对安全性和私密性的要求较高。

（4）随着通信技术的发展，人与人之间的交流逐渐虚拟化，现实的交流逐减少，居民之间变得疏远。

（5）住区活动空间属于公共空间，大部分居民对户外空间的责任感较低，不会主动去维护空间。

（6）住区户外活动空间中居民的个体生活往往多于集体生活。

2.2　环境行为学研究

2.2.1　环境行为学概念及理论

丘吉尔曾说过，人们塑造了环境，环境也塑造了人。人和环境是互相作用、相互制约着的。环境行为学来自环境心理学，在建筑和规划学科中的应用逐渐得到重视。环境行为学运用心理学知识分析人的行为与物质、社会、文化环境之间的相互作用关系。利用环境行为学，在建筑和规划设计中改善人类生存环境，可以做出以人为本的设计[130]。环境行为学的理论如下：

（1）环境决定论

该理论认为环境决定人的行为，认为人是被动地接受环境，外在环境要求人以行为进行表达。环境决定论没有考虑人的内心需求，忽略了人的思想对行为的主导作用。环境决定论在建筑、规划领域表现为建筑决定论，认为人工环境决定人的行为。

（2）相互作用论

该理论认为环境和人是相互独立的，行为是人的思想意志和环境共同作用导致的结果。人和环境作为两个独立的因素，相互作用产生了行为。对比环境决定论中的人处于消极地位，相互作用论中人可以主动改变环境，通过互相影响、作用改变所产生的结果。

（3）相互渗透论

该理论认为人不仅可以修正环境，还可以改变环境的性质和意义。同时，不同于互相作用论中的人和环境是独立的个体，该理论认为人和环境是相互渗透、不可分割的完整体，该理论完善了环境行为学对行为产生机制的描述[131]。

也有学者丰富完善了相互渗透论，提出行为不只是人和环境交织的结果，还有文化在从中影响，提出了人、环境、文化三者之间的相互作用理论模型。

2.2.2 环境与人的作用关系

环境行为学作为研究行为与环境关系的学科，现有的理论和研究方法大部分来自心理学。利用环境行为学可以研究人的行为与城市空间的关系和相互影响，使规划师更深入地研究和掌握空间使用者的内在需求和外在行为表现，从而在城市规划以及建筑设计中对行为的需求加以考虑，以达到设计追求的以人为本。

利用环境行为学，规划师可以了解到空间使用者的心理特征和行为特征，可以更多地以使用者的角度去考虑设计，了解环境与人的本质关系。认识和研究清楚人和环境的关系是十分必要的。

首先应该明确一点，人与环境的关系是相互作用、互相影响的，并不是人决定环境或者环境决定人，而是相互影响互相决定的。人的很多行为在特殊的环境中才会产生，环境也是因为人的活动而具有了更多的存在意义。人对环境的需求导致环境有了改善的需求，环境的改变也会带来人的心理的改变，二者相辅相成，不断发展（图2-1）。

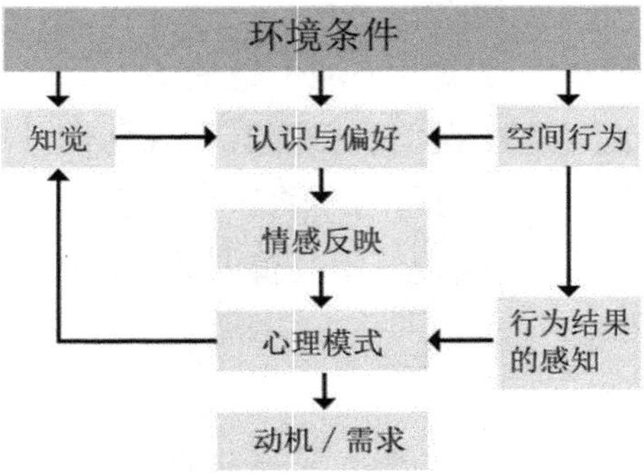

图2-1　行为发生的基本过程

资料来源：北京市规划委员会.长安街：过去・现在・未来[M].北京：机械工业出版社，2004.

心理学家库・勒温（Kurt Lewin）在研究人在个人生活空间中的行为模式时，提出了著名的行为公式：$B=f(P, E)$。其中，f为函数，P为个人（个体的或群体的），E为环境（影响行为的各种外在环境），B为行为。

这个公式强调行为的内部制约因素与外部刺激或干扰因素的共同影响。首先，行为的产生从使用者自身来讲是出于某种需要或意愿而外显出来的一种作用，源自使用者的主观因素；其次，行为又是发生在特定的时间和地点的，因此必然受到特定时间和地点的制约，即环境的影响，这种环境可能加强或促进这种行为的发生发展，也可能阻碍或制约其进程，此时人与环境就发生了相互制约关系，在新的平衡得到满足时构成新的环境条件，这种不断相互作用与动态演进便是环境对行为的作用机制。

（1）环境应激理论

环境中的诸多因素都会对行为产生促进或阻碍的作用，这些发生作用的因素都可以被看作应激源，以及刺激行为的环境因素，比如噪声、拥挤。应激源常常被看作对人类不利的刺激因素，应激行为是对这些不利因素的有效反应，这种反应一般而言是短暂的、突发的、未经受激者进行长时间的调节适应而产生的。

（2）适应水平理论——最佳刺激

环境的刺激存在一个"最佳水平"，长时期的刺激会使人体的生理和心理产生一定的记忆反馈机制，之后逐步达到一种平衡的相对稳定的状态，达成这种状态的过程称为适应。这种适应强调对相同刺激做出反应的变化，从适应过程中可以发现刺激作用的深层规律。但是不同的受激者之间存在个体差异，因此对最佳水平的衡量存在很大的难度，同时，在研究环境对机体的影响时，确定刺激水平的量化值才能更进一步了解环境与行为之间的具体作用关系，量化的难度较大，但确是必要的。

2.2.3　使用者环境行为特征

扬·盖尔把公共空间中人的行为活动分为必要性活动、可选择活动以及社会性活动。如果空间的环境质量较差，容易只发生必要性活动，在质量较高的空间中，会发生必要性活动和可选择活动，住区广场中的活动也可据此划分。必要性活动指存在强制性的活动，如上班、等车等活动，这类活动很少受环境影响。可选择活动是指当空间允许的时候，人自愿发生的活动，比如散步、街边喝茶等活动，这类活动需要一定的空间条件。社会性活动指需要公共空间中有其他人配合才能发生的活动，比如交谈、集体舞等活动，这类活动具有社会性，一般是多人共同的活动。

根据行为的具体内容，居民的行为又可分为外出行为、交往行为、健身行为、休息行为、游戏行为。住区使用者的一般行为包括从事家务劳动、休闲活动、健身交往等。研究表明，使用者在住区户外环境中一般进行器械锻炼、散步、聊天、棋牌、照看小孩、休息、球类等活动[132]。使用者行为一般有以下特征：

（1）聚集特征

使用者因为社会背景、文化、爱好等内在原因相互吸引，在各种活动中都有聚集的特征，比如棋牌、聊天活动。聚集也是使用者内心渴望拥有和融入团体、参与交往的表现。

（2）时域特征

时域特征指在不同的时间空间条件下使用者的行为活动具有不同的特征。不同的地理区域的使用者行为活动不同，同一区域内不同季节使用者的活动行为特征也不同，同一天中随着时间的变化使用者的活动特征也不同，这就是活动的时域性。

（3）地域特征

使用者在特定的空间中有习惯的行为活动，即使有一些外部条件改变，使用者仍然喜欢在固定的空间中进行活动。例如，美国纽约设计师曾为使用者设计新的活动场地，但是使用者依然喜欢到曾经活动的地方进行活动。

（4）社会特征

社会特征指当使用者社会责任心较强且需要体现自己社会属性，会积极参加具有社会性质的活动。

（5）趣味特征

使用者的行为活动具有趣味特征，喜欢热闹的活动和氛围，喜欢参加各类型的文体活动。

（6）持久特征

研究表明，在气候条件较好的情况下，使用者会安排较多的时间进行户外活动，参与活动具有持久特征。

（7）选择特征

使用者有不同的文化背景和身体状况，且爱好也不尽相同，因此对于活动具有选择性[133]。

（8）性别特征

使用者一般愿意和同性别的使用者活动，这是心理和社会因素导致的。另外，不同性别的使用者喜欢的活动不同，男性喜欢打牌、下棋，女性喜欢聊天、晒太阳。

（9）康体特征

使用者进行活动的重要目的是身体健康，即使用者注重锻炼身体的行为活动，行为具有康体特征。

使用者的行为活动具有以上不同的特征，但并不代表所有的使用者行为活动都具有以上全部特征，具体的情况仍要具体而论，不同年龄段的使用者也存在不同的环境需求与行为特征（图2-2）。

行为活动发生的空间区域具有明显的层次规律，根据户外活动中活动范围的大小，可以分为基本邻里活动圈、扩大邻里活动圈、集域活动圈、市域活动圈。基本邻里活动圈是使用者出现最频繁的区域，范围180～220m，路途时间一般为5min左右，包括以家庭为中心的院落、宅间绿地、单元出入口附近等。在该活动圈内使用者的行为频繁出现，交往的人都是最熟悉的亲人和邻居。扩大邻里活动圈是以住区为主的活动范围，一

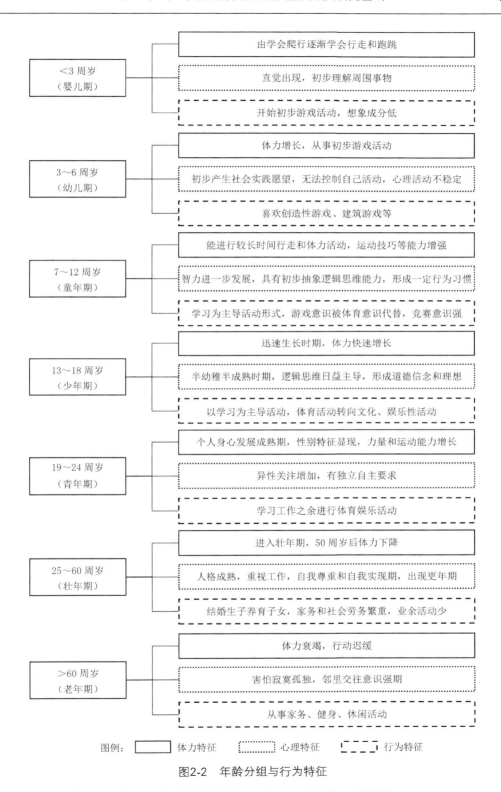

<3 周岁
（婴儿期）

由学会爬行逐渐学会行走和跑跳

直觉出现，初步理解周围事物

开始初步游戏活动，想象成分低

3～6 周岁
（幼儿期）

体力增长，从事初步游戏活动

初步产生社会实践愿望，无法控制自己活动，心理活动不稳定

喜欢创造性游戏、建筑游戏等

7～12 周岁
（童年期）

能进行较长时间行走和体力活动，运动技巧等能力增强

智力进一步发展，具有初步抽象逻辑思维能力，形成一定行为习惯

学习为主导活动形式，游戏意识被体育意识代替，竞赛意识强

13～18 周岁
（少年期）

迅速生长时期，体力快速增长

半幼稚半成熟时期，逻辑思维日益主导，形成道德信念和理想

以学习为主导活动，体育活动转向文化、娱乐性活动

19～24 周岁
（青年期）

个人身心发展成熟期，性别特征显现，力量和运动能力增长

异性关注增加，有独立自主要求

学习工作之余进行体育娱乐活动

25～60 周岁
（壮年期）

进入壮年期，50 周岁后体力下降

人格成熟，重视工作，自我尊重和自我实现期，出现更年期

结婚生子养育子女，家务和社会劳务繁重，业余活动少

>60 周岁
（老年期）

体力衰竭，行动迟缓

害怕寂寞孤独，邻里交往意识强期

从事家务、健身、休闲活动

图例：　□ 体力特征　┈┈ 心理特征　╌╌ 行为特征

图2-2　年龄分组与行为特征

资料来源：邓述平. 居住区规划设计料集[M]. 北京：中国建筑工业出版社,1996：197.

般为住区的广场、绿地以及住区周边的区域，活动范围小于450米，活动的频率低于基本邻里活动圈，路途的时间一般小于10分钟。集域活动圈是介于扩大邻里活动圈和市域活动圈之间的活动区域，使用者在该活动圈内的行为活动频率、路途时间都是介于二者之间。市域活动圈是使用者在城市内的活动范围，路途时间为20～45分钟，交通方式以机动车为主，一般包含城市公园、城市广场、博物馆、老年大学等。

使用者的活动领域根据活动形式可以划分为个体活动领域、成组活动领域、集成活动领域。个体活动领域具有私密性，不被外界打扰，一般的活动形式为静坐、沉思、独自晒太阳等。成组活动领域有较多使用者，使用者之间互相交流，彼此熟悉。集成活动领域是多个成组活动领域构成的，它们之间彼此联系而又有独立性，领域内活动内容多样，使用者之间的交流十分丰富[134]。

2.2.4　使用者的空间需求

住区中使用者的心理生理需求主要表现为以下方面：

（1）安全需求

安全需求是使用者对空间使用的最基本需求。尤其对老年人而言，由于其自身的体质机能下降等客观因素，其对于安全感的需求更为强烈。在老年人的生活环境中应注重安全的体现，有助于老年人在环境中更加自如。

（2）舒适需求

随着物质环境的建设水平不断提高，使用者对居住环境的舒适需求也在提高，对绿化、空气、无噪声这三种环境要素要求较高，此外，空气新鲜、没有污染、有水景、环境干净整洁、有年代感、有适宜散步的场地、有活动设施也是使用者对环境是否舒适的评判依据。在寒冷地区更重要的是，有抵御寒风的设施和手段，对积雪及时进行处理。

（3）私密需求

无论是在居住环境还是住区室外环境，使用者都有隐私的需求，使用者的隐私被侵犯时会表现出强烈的消极情绪，这些情绪会影响其心理健康。基于此，在环境设计和建设时要考虑使用者的隐私需求，有相对独立的活动场地。

（4）归属需求

居住环境和居住方式改变后，居民之间的关系也呈现出越来越淡漠的现象，这对于大部分时间处于邻里关系中的使用者来说是不利的。居住环境和住区室外环境是使用者活动交往的主要空间环境，拥有归属感的环境氛围有利于创造良好的邻里关系，有利于使用者心理健康。

（5）健康需求

使用者对健康的需求通过对饮食、环境、活动等方面的需求进行表达。使用者利用闲暇时间进行各类活动，以延缓自身机体的衰老，丰富自己的内心，因为对健康的需求产生对活动的需求，继而对活动场地有各种类型的需求。除了需要场地设施外，使用者对环境的绿化也有需求。

（6）交往需求

交往是使用者寄托精神的方式之一，也是增强居民社区归属感的有效方式。使用者希望通过交往表达自己的思想和情感，寻找自己的团体[135]。使用者对环境的需求源于其自身心理或者生理的特征。在满足基于生理特征的环境需求方面，以老年人为例，在环境中应合理布置光源，增加夜间照明灯，环境中的标识牌应加大图案和文字，采用容易识别的色彩，使得信息更容易被识别。环境中的道路应该避免曲折，避免老年人因为认知困难而出现难以识别；做好无障碍措施，地面做好防滑处理，避免细小高差，减少高差变化；在设施中利用触摸增强老年人的感知记忆。环境应远离噪声并且通过微气候调节手段减少环境的微气候变化，以弥补老年人气候适应性较差的状况在冬季提供晒太阳的场所，在夏季提供通风的环境。在满足基于心理特征的环境需求方面，住区环境中应该具备防火设施，地面铺装可以采用暖色调和质地温和的材料，提供具有安全感的居住环境；一方面进行交流交往的公共空间，促进居民之间的情感融合，另一方面提供安静、稳定、少噪声的相对独立的休息空间。在满足基于行为的环境需求方面，住区环境应遵循使用者的活动流线，按照其熟悉的方式摆放设施，便于其识别和使用；同时，根据不同的活动类型，既提供独立的空间，也提供聚集活动的空间[136]。

2.3　严寒地区城市住区气候环境概况

中国国土辽阔，地形复杂，由于经纬度和地势的不同，不同地区之间气候差异悬殊，由《民用建筑设计通则》（GB 50352—2005）①可知，我国共有5个主要气候区，分为严寒地区、寒冷地区、温和地区、夏热冬冷地区和夏热冬暖地区。各气候区之间存在明显差异，因此，各个地区在城市规划与民用建筑设计中都需要充分考虑地域气候对居住环境形成的影响。

2.3.1　严寒地区气候特点

寒地城市气候特征明显，主要表现为一年当中冬季漫长，年平均气温低于0℃，冬季降水形式主要为雪。本书以严寒地区城市哈尔滨市住区为研究对象。哈尔滨处于北温带，属温带季风气候，因其独特的地理位置，一年四季具有典型特征：冬季气温低，下雪次数较多，整个冬季气候干燥，并且持续时间长达6个月之久；夏季气温较高，与冬季温差可达70℃，炎热多雨，风环境较好，整体舒适宜人；春秋两个季节温度变化极快，短时间内有10℃的明显升降，属于特殊气候的过渡季节。

---

① 该标准于2019年10月1日废止，《民用建筑设计统一标准》（GB 50352—2019）自同日起实施。

2.3.2　城市住区公共空间微气候特征

住区广场的微气候环境离不开城市气候的大背景，研究住区广场微气候特征前，需对城市层面的气候特征进行研究。一个地区的气候可以用温度、空气湿度、风、雨、雾、雪、云和空气质量等物理因素来描述。气候和城市各种空间之间的关系一直都是学者们研究的热点，已有上百年的历史，近些年学者对气候和城市环境才做了系统性的研究。微气候研究领域的著名学者吉沃尼对寒冷地区的定义是11月至次年3月的平均气温低于0℃、夏季气候舒适的地区。寒冷地区夏季所面临的气候问题较少，因此寒冷地区的气候研究一般都以冬季以及过渡季节为主[137]。我国寒地城市研究学者刘德明对寒地城市的定义为一年中连续三个月以上的平均气温在0℃以下的城市[138]。

寒冷气候对城市有诸多方面有消极的影响，除了对地区的人口、经济有消极作用，也会降低城市的整体宜居性，例如对城市的道路、景观、住区环境、建筑、基础设施会产生消极影响。此外，寒冷气候会加大城市的能源消耗，对居民的行为活动和身心健康都有抑制作用。改善寒冷地区微气候对于地区经济提升有重要作用，同时，为人们提供良好的室外活动空间，降低气候导致的户外活动空间的不舒适性，可以提高人们对城市的好感[139]。

寒地城市冬季寒冷的气候对城市住区环境有极大的负面影响，无论是温度环境、日照环境、风环境，都导致住区中的户外空间使用率较低。住区的一些建设问题也降低了微气候环境的舒适度。以哈尔滨市为例，低于国家标准的日照间距导致住区整体的采光时间较短，宅间的户外空间日照时间更短，高密度的建筑布局和高层住宅建筑会导致住区整体的风环境较差，尤其在冬季，寒风会使住区活动居民倍感寒冷；此外，我国寒地冬季供暖以燃煤为主，产生的有害气体在冷高压之下难以扩散，这些都导致住区整体的气候环境质量较差。

寒地住区公共空间的微气候特征主要包括以下几个方面：

（1）热环境特征

以哈尔滨为代表的寒地城市一年中的日平均气温在0℃以下的连续时间超过三个月。住区广场位于住区的内部，建筑相对围合能够抵挡部分寒风，气候舒适度稍高于住区的外部城市空间，但无法改变严寒的现实气候条件，冬季或者过渡季节在住区广场创造舒适的热环境对于居民的活动和交往有积极的促进作用。

（2）风环境特征

我国寒地城市冬季的主导风向为西北风，寒冷季节和过渡季节时的风速较大。寒风会带走广场上活动的居民的热量，使舒适度降低，住区环境应以风屏蔽为主。寒冷季节和过渡季节对住区广场上的风环境进行调控可提高住区广场使用的舒适度。

（3）光照环境特征

阳光对于对寒地住区广场的使用的影响极为重要。寒地住区建筑密度较高，且普遍日照间距较小，住区广场的阳光照射时间和面积普遍较短。在设计和规划时应对广场上的光照进行分析，保证住区广场有较充足的阳光照射。

（4）湿环境特征

寒冷地区的热湿度主要受雨雪影响。冬季降雪频繁，对广场的使用造成了影响，降低了舒适度。雨雪过后，场地湿滑还会造成安全问题，尤其是给广场上老年人带来了较大的不便。

2.3.3 气候环境对使用者的影响

寒地住区公共空间冬季温度较低，对场地中的使用者身体健康会造成影响。老年人身体各项机能衰退，自身的适应能力和体温调节能力低下，再加上恶劣的微气候环境，这些不利因素会诱发其生理疾病，如：冬季寒冷的气候会刺激老年人血压升高，增加老年人罹患脑出血、脑血栓的风险，冠心病患者在寒冷气候条件下还会增加心绞痛、心肌梗塞等风险；寒冷空气会刺激老年人呼吸系统，诱发各类疾病，引起呼吸道感染、气管炎、肺气肿、哮喘等[139]；缺乏光照会导致老年人钙质加速流失，容易导致骨质疏松，甚至发生骨折[140]；寒冷气候条件下，老年人皮脂分泌减少，皮肤干燥，水分不足，有些老年人会患有老年冬季瘙痒症[141]；寒风还会诱发老年人中风，约70%的中风患者是在冬季发生；寒冷气候环境会诱发老年人患低温症，体温降到35℃左右，严重者有生命危险[142]。

寒冷的气候环境对使用者的心理健康也有较大影响。冬季的环境清冷且舒适度较差，使用者容易触景生情产生抑郁、焦虑心理和易怒情绪。冬季的消极情绪也会作用于生理，使老年人身体变弱，人际交往减少，慢性病因此加重，并导致恶性循环[143]。

（1）室内外温差大

寒地城市住区环境设计的重中之重就是满足人在生理及行为心理方面对所处环境的热舒适度要求，而人体的热舒适度中最重要的影响因素就是气温。人体热舒适度随着所处的地理位置的环境不同而改变，且受年龄、心理等其他因素影响，生活在寒冷地域的人的热舒适温度比生活在炎热地域的人低，比如，生活在寒冷北极的爱斯基摩人，雪屋中达到5~16℃就是其感到舒适的温度，生活在沙漠中的非洲人则要到22~30℃；同样，位于北美洲加拿大的寒地城市——埃德蒙顿市规定的热舒适温度为8~29℃，美国的热带沙漠城市菲尼克斯市规定的热舒适温度则为13~35℃。哈尔滨的年平均气温为4.7℃，最冷月的平均气温更是低于-16.7℃，气温限制了居民的出行活动。在寒冷地区，住区环境更新设计应以保温为主，考虑人体的热舒适度的影响。通过改善居住入口单元的布置、植物配置等手段营造居住区舒适的微气候环境。

（2）不适的风环境

居住小区中良好的通风对居民的健康具有重要的影响。良好的风环境可以排放住区内污染的空气，有利于居民的身体健康和住区环境质量。但冬季住宅外寒风刺骨，极大降低了居民的出行及户外活动频率（图2-3）。当气温低于皮肤温度时，风能使机体散热加快。同样的气温条件下，风速不同，人们的感觉也会不一样。风速每增加1m/s，会使人感到气温下降了2～3℃，风越大散热越快，人就越感到寒冷。当风遇到建筑的时候会改变局部风场，对建筑周围的行人和停留者造成不良影响。绿化对于风速也有很大影响，有研究指出，居住区内树木面积增加10%～20%，能够减小风速15%～35%。住区设计中应考虑利用空间规划及绿化手段为居民创造良好的风环境。

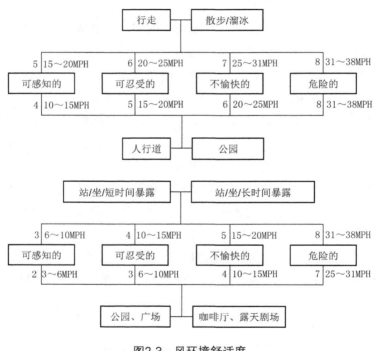

图2-3　风环境舒适度

MPH为风速单位，mile/h（1mile=1.609km）

（3）太阳辐射不足

太阳辐射是影响气温的主要因素，太阳光谱由不同波长的电磁波组成，它包括无线电波、红外线、可见光、紫外线、X射线、γ射线等波谱范围。到达地面的太阳辐射中，以红外线的能量最多，约占50%～70%，可见光其次，约占30%～46%，紫外线最少，只占0.1%～4%。

寒地城市的地理纬度较高，冬季的阳光入射角度降低，建筑物的阴影区会相应增大（图2-4），在一些高纬度地区阴影高度甚至可以达到建筑物高度的15倍之多。因此，寒地城市住区应该给予较大的日照间距，以保证充足的光照。然而由于中国人口众多，寒地城市的人口密度要远远高于其他欧美国家，城市用地紧张导致住区普遍存在着日照间距过短的问题。以哈尔滨为例，国家标准《城市居住区规划设计规范(2002版)》规定住宅日照间距标准为2.15，但哈尔滨的地方规定里只有1.5，直到2012年《哈尔滨市城市规划管理条例》出台，才明确了住宅的日照间距必须符合国家的强制标准。老旧住区由于建设年代久，建设当时法律法规和监管不全面，对日照间距没有相应的规定，导致这些住区的日照不足，一部分户外活动空间长期处于阴影之中。老旧住区再生改造中，应将活动场地尽量布置向阳面，利用住区内有限的公共活动空间，为冬季活动提供充足的光线。

图2-4　哈尔滨同一建筑大寒日和夏至日的连续日影图

（7:00～15:00，时间间隔为30min）

资料来源：赵天宇，李昂.寒地城市居住区冬季适宜性公共空间设计方法研究[J].住宅产业，2013(08)：42-45.

2.4　户外热舒适度的评价研究

2.4.1　户外热舒适度的影响因素

户外热舒适度是影响街道、广场、游戏场地和城市公园等户外活动的一个因素。不同人群在户外空间接触到的不同的气候条件、在不同地域对舒适度具有的不同的感受，都会影响活动的数量和强度，户外热舒适度受到不同层面多种因素的共同作用。

2.4.1.1　人体参数

户外热舒适与人的自身感受有直接的关系。人在各种环境下，必须处于热平衡状态，传统的热舒适理论建立在稳定状态模型上，只有人体自身的产热量等于自身散热量，体温保持在37℃，才会处于舒适状态。温度过低或是过高时，为了达到舒适状态，人体会做出相应的反应，加快产热或散热。这些都是对环境做出的反抗，可见户外舒适度与人体自身反应存在一定的关联。此外，待在户外的人们通常在不同的季节穿着不同的衣服，不同人群衣着有所差异。个体之间对环境的耐寒耐热能力均有不同，同一温度有人可能感觉舒适，有人就会感觉冷，个体差异对环境舒适度也有不同的评价。

人体参数不仅指身体感受，同时也包含心理因素。Nikolopoulou等[55]在1997年针对英国剑桥不同季节进行了温度实测与问卷调查。实测与调查选取市中心的四个城市，在春季、夏季、冬季进行了长时间的测量与调研，将室外环境舒适度与受访者的主观评价相关联。研究结果表明，人的生理反应不能够全面代表室外环境的舒适度，应该将不同受访者的心理因素考虑在内，综合评价舒适度。2004年Thorsson[58]在瑞典针对一个公园进行了舒适度调研，研究表明，不同空间的温度变化、各区域可达性和整体环境是人们使用公园的频率和环境舒适度的重要影响因素，同时发现，在室外停留的时长以及对公园的期待值等心理因素也会影响人们对于舒适度的主观评价。

2.4.1.2　地域差异

地域差异是研究气候必须要考虑的一个要点，不同地域的地形地貌、自然环境、文化氛围、生活习俗等都具有明显的差异，这些差异在一定程度上影响了舒适度的评价。不同地区或是国家根据各自区域特点制定了相应的热舒适标准，体现了不同热舒适在不同地域之间的差别。

研究表明，不同地域的人们对于热环境有不同的感受。Lin对身处亚热带气候地区的中国台湾省台中市居民对于热环境的忍受程度进行了调研，当地90%的居民对于热环境感觉舒适的范围是21.3~28.5℃，略高于欧洲温带地区居民的18~23℃[62]。根据热感觉和PET等级划分可以看出，30℃对于台中居民来说感觉适中，而欧洲居民则感觉炎热。不同的地域造就了不同的气候环境，同时也使不同地域的居民对于微气候舒适度有不同的评价。

2.4.1.3　环境差异

影响户外舒适度的最主要的因素是环境差异，一个地区在不同季节、不同时间的微气候环境存在很大的差异。太阳辐射、温湿度、风环境都直接影响人们对户外舒适度的评价，而且同一因素在不同季节具有不同的作用。例如，阳光的直射在冬季可能会给居民带来一定的舒适感，在夏季则可能由于造成温度过高而带来一些特定的不适。在室外，风速远高于普通室内的空气流动速度，户外风达到一定速度时，在夏季将会带给居民舒适的感觉，然而在冬季则只会使人感到寒风刺骨。

户外热舒适度受到多种因素的影响，在开展相关研究时要合理地设计与安排研究内容与范围，本研究在开展前期对调研对象、调研时间等合理制定了研究计划与方法，并通过实地测量获取大量数据。

2.4.2　户外热舒适度的评价指标与方法

评价微气候环境的标准就是户外热舒适度，由前述内容可知，影响户外热舒适度的因素很多，既有太阳辐射、温湿度、风环境等环境自身特征，又有人体自身活动、衣着、心理等因素，这些因素直接决定了一个人在户外公共空间活动时的冷热感觉，个别群体由于自身体质不同，或者短时间内在不同地域之间生活等原因也会影响对环境舒适度的评价，但作为研究对象的大多数群体处于稳定状态下，这些因素可以忽略不计。微气候舒适度的评价方法是研究的重点，但是对户外公共空间而言，没有比较全面考虑所有影响因素的户外热舒适评价指标，国内外对户外公共空间微气候舒适度评价主要使用Comfa法和WBGT指标法。

Comfa法是由Brown和Gillespie提出，主要通过计算人的能量平衡预测值，即通过对人体新陈代谢的能量、人体吸收的来自太阳直射和地面反射的辐射热、空气流动引起的散热、人体排汗与呼吸造成的热损失以及人体在室外活动时对地面的辐射热的计算，根据计算结果的数值正负，探讨人体在户外吸收与失去的热量是否平衡。户外热舒适度与能量平衡预测值之间的对应关系中共有五个等级。

Comfa法以对公共空间使用者的主观感受为研究出发点，不同人群对于气候舒适度存在较大的差异，例如南北方人对于冷热环境的感受就存在着很大的差别，故由此得出的计算结果对户外热环境舒适度评价缺少一定的说服力。

WBGT指标法是近年来使用较为广泛的对户外热舒适度评价的方法，通过对户外研究对象的微气候环境进行实测，获取太阳辐射强度、相对湿度、温度、风速等环境参数的大量数据，建立数学模型进行计算，但是其数学模型对各个参数划定了数值范围，限制了研究区域与季节，例如WBGT数学模型中要求实测温度必须在20～45℃之间，超出此范围的数据会导致计算结果的不准确，由此可见，研究严寒地区微气候环境的户外热舒适度，并不适合使用此方法。

用于研究户外热舒适度的还有诸如ET、PET、PMV等的多种评价指标，虽然这些指标均将环境气候条件通过不同的方法与人体户外热舒适度建立了关联，但是在具体的城市规划与城市设计中并没有对微气候环境改善提出相应的策略，没有实现理论与实践的有效对接。

2.4.3　不同指标法的应用方式

本书针对严寒地区城市住区公共空间，从定量分析的需求出发，进行季节性微气候环境定时段定点的现场科学仪器观测，采取平面注记的方法了解住区公共空间使用情况和使用者对住区公共空间户外舒适度的评价，通过过程的合理设计与数据的科学记录、系统专业的数据处理等环节，研究住区公共空间规划设计要素与微气候环境改善的相关性，在整个研究过程中，分别采用不同的指标进行分析，为住区公共空间的规划设计提供技术支持与参考依据。

（1）用于对住区公共空间微气候环境的评价

通过利用科学仪器对住区公共空间微气候环境的物理参数实地测量，包括太阳辐照度、温湿度、风速，获取第一手数据信息，对获取的数据进行科学的统计，之后利用TS指标法和PET计算住区公共空间的户外热舒适度，结合TS分级标准，对住区公共空间微气候环境进行舒适度评价。

（2）用于住区公共空间微气候环境改善幅度的探讨

微气候环境改善表现为户外热舒适度的提升，因此借助计算机环境模拟技术，比较住区公共空间的主导规划设计要素的变化对微气候环境各气象因子的影响，利用TS指标法计算改变规划设计要素前后的户外热舒适度，进而比较不同TS值的差异，探讨微气候环境是否得到改善。

（3）用于住区公共空间的规划设计及评价

TS指标法和综合舒适度指数模型（comprehensive comfort index，CCI）作为户外舒适度的评价方法，可以用于住区公共空间规划设计的整个过程。住区公共空间规划设计的前期，结合计算机软件模型模拟的方法，分析住区公共空间不同功能分区的户外热舒适度，以此为依据，科学合理地提出有助于微气候环境改善的规划策略；在住区公共空间建成后，可以利用TS指标法对一个住区的微气候环境进行评价，结合实际情况提出相应的改善措施。

2.5 城市住区公共空间微气候环境的影响要素

在城市规划与城市形态设计中，应该充分考虑其所在地区的微气候环境。高度在100m以下、水平范围1km之内的局部地区微气候，是设计城市开敞空间和建筑设计时必须考虑的[144]。寒地城市冬季气候寒冷且漫长，在寒地城市规划设计时候必须考虑气候因素。微气候环境存在于居民生活的每一个地方，住区公共空间的规划设计中应该充分考虑微气候环境的优化。无论是新建住区还是旧住区更新，都需要针对气候有相应的设计策略。住区公共空间的微气候状况离不开所在城市区域的气候环境的大背景，但是也受到广场区位、周边建筑布局、广场绿化、设施布局、铺装材质等因素的影响，通过规划调节和配置这些因素可以调整空间的微气候环境。

本研究主要通过对温度、湿度、风环境等三个微气候因素进行测试，了解住区公共空间的微气候特征，探讨住区公共空间微气候环境对使用者行为活动的影响，对温度环境、湿度环境、风环境三个微气候因素的调节手段进行阐述。

（1）温度环境调节手段

温度是住区广场最重要的气候因素，同时也受到其他气候因素的影响。日照强度的高低和风速的大小都会影响到住区广场的温度。日照是住区广场的主要热量来源，而风是带走热量的主要介质。住区广场空间一般需要在夏季遮掩减少光照，而在冬季保证足够的阳光照射。寒地住区广场应该着重考虑足够的采光，弥补冬季漫长而严寒的气候劣势。通过建筑布局和绿化种植可以很大程度上干预住区广场的日照和风速，影响光环境和风环境，从而影响温度环境。此外，一些其他因素如场地铺装材质也会对温度环境产生一定的影响。通过对这些因素的规划设计可以干预住区广场的温度环境，使得温度环境达到更理想的状况。此外，还应该对老年人的需求进行着重考虑。

（2）湿度环境调节手段

影响住区公共空间微气候湿度的因素有很多，如住区所处的区位是否靠近自然水体或者城市水体，住区内部是否有水景等。寒地城市住区因为使用率等原因，住区内部设施水景较少，影响住区内部湿度的主要是降水或者冰雪融化等自然因素。一般来说，处于阴影下的住区空间湿度较大，处于光照下的空间湿度较小，干燥或湿润的通风也会降低或升高住区广场的湿度。已有文献显示，北方寒地住区的湿度环境在大部分情况下不会明显影响老年人的行为活动感受，但是湿度的变化会造成人体舒适度的改变。

（3）风环境调节手段

寒地城市受季风气候影响较大。风是影响住区户外活动的主要气候因素之一，住区内部的风环境主要受地区自然条件主导，也受城市整体形态影响和住区内部建筑结构影响，另外住区广场等公共空间的构筑物、植物等也会影响和改变空间中的风环境，如风速、风向。

2.5.1　宏观尺度要素对微气候环境的影响

住区公共空间的宏观尺度主要指住区公共空间在住区中所处的位置、广场平面的具体形状等内容，在住区前期规划设计中，需要对住区公共空间有宏观的把控，对住区的总用地面积、住区容积率、建筑密度、住宅布局模式、功能组团分区、道路交通组织、公共空间设计等内容需要统筹考虑，从宏观大局整体把握住区的合理性和协调性。

维特鲁威在古罗马时期曾提出，广场的规模需要充分考虑其使用人数，通过使用人数确定广场的大小，只有这样，广场才可发挥作用，广场规模和使用人群之间才会保持一种平衡状态，使用者才会拥有一个舒适的心理感受。奥地利建筑师、城市规划师卡米洛西特曾提出，面积为0.83hm²的广场往往给人深刻的视觉印象。无论是城市的中心广场还是住区的公共空间，都需要尺度适中的活动空间供人们使用。

对住区公共空间来说，从宏观尺度层面确定的空间位置、平面尺寸与微气候环境有一定的相关性。受地形地貌的影响，不同区位的气候条件差异巨大，住区的前期选址就决定了住区微气候的大环境，后期的规划设计中，从住区宏观尺度出发，广场面积不同的住区，其微气候环境也存在一定的差异。无论是热环境、风环境还是植被种植、水体绿化都将因为广场面积的大小有着明显的区别，微气候环境设计会受到多方面因素的制约。

2.5.2　中观尺度要素对微气候环境的影响

住区公共空间的中观尺度从人的视野出发，以贴近居民的直观感受为基准，包括空间的平面尺寸、长宽比例以及广场周围建筑的高度、围合程度、具体形态、立面色彩等内容，广场中观尺度与微气候的关系是建立在广场自身形态与周围建筑形体相互影响的基础之上的。研究住区广场的中观尺度，将从长宽比和高宽比两个层面进行分析，不同的长宽比和高宽比会使居民的使用感受差异较大，对住区广场的微气候环境也存在一定的影响。

住区广场平面的长宽比应受一定控制，以此来对广场空间尺度进行限定。不同长宽比的广场对人的视觉、活动和心理都会产生影响，同时也会影响广场的微气候环境。当长宽比为3：1时，人能较好地识别广场边界范围；长宽比大于3：1时会使广场平面的围合感加强，并使风速加大。当长宽比为3：2时，视野广阔清晰，空间限定感强。当长宽比为5：6时，达到水平视角的最大值，此时减小长宽比会使人的边界认知减弱，广场的围合感变弱。

广场进深和建筑高度的比例的不同可在垂直高度上使人产生不同的心理感受，合适的封闭感可以使人感到安全，并可以在一定程度上隔离外界干扰。芒福汀在《街道与广场》一书中对广场进深和建筑高度的比例提出了设计指导。当进深高度比小于1时，广场具有压抑感，比例越小压抑感越强。当进深高度比等于1时，封闭感强，略有压抑感。当进深高度比大于1且小于2时，空间紧凑，视野范围内可以看到更多的建筑全貌。当进深高度比等于2时，是观察建筑全貌的最佳比例。当进深高度比大于2时，随着比例不断增大，围合感越来越弱，进深高度比达到6时，封闭感消失。

住区广场与周围建筑之间的宽高比不同，会造成公共空间的围合感之间存在差异，不同宽高比情况下各空间的微气候环境也有所不同，各广场受到太阳辐射的面积与时间存在差异，建筑高度会影响空气的流动，改变风环境。同时，从住区广场的中观尺度考虑，广场的开口方向对风环境具有直接的作用，影响微气候环境。如果广场的开口方向没有考虑盛行风的风向，将开口直接朝向风向，将加快住区广场内部空气流动，改变风环境，影响居民在广场内部活动区域的选择及舒适程度，对广场的微气候环境具有较为重大的影响。

2.5.3　微观尺度要素对微气候环境的影响

住区公共空间微观尺度主要体现在广场内部的景观设施的规划设计。景观设施为广场中与使用者最为接近的设计，主要包括软质景观和硬质景观。软质景观通常指的是绿化和水体等，硬质景观以铺装、雕塑、建筑小品、灯光照明等为主。软硬质景观在广场规划设计中尤为重要，一方面可以创造具有优美环境的广场氛围，同时也可以调节广场微气候环境。

1.软质景观

住区公共空间的规划设计中需要软质景观装点广场，以吸引居民到广场活动。广场以活动、休息和游戏场地为主，应在适当的位置设置绿化景观，合理搭配不同种类植物，突出绿化的层次感；住区广场平面布局一般宜以半开敞自然式为主，不宜过分开敞，这便需要通过绿篱或者其他植被作隔离，以免使用者任意穿越而不便管理。在住区广场软质景观设计中，水体的设计可以恰当地烘托出住区幽雅、灵动的生活环境，为广场增添了一份情趣。在广场内设计水质景观，增加广场生气的同时，也可改善微气候环境。夏季水体蒸发吸热，可有效降低周围环境的温度，春秋季节气候干燥，水质景观可以增加空气湿度。软质景观可增添住区广场的生活乐趣，拉近人与自然的距离，满足人与生俱来的亲近自然的要求，也可有效调节微气候环境，增加广场舒适度。

2.硬质景观

住区广场的硬质景观包括硬质铺装与建筑小品，其规划设计主要有以下几个原则：

（1）硬质景观要满足不同人群的使用需求；

（2）不同铺装材质与构筑物之间规划设计风格要统一，应与住区建筑等协调布置；

（3）硬质景观铺装与设计应该充分利用新技术与新材料，注重环保；

（4）硬质景观尺度应合理，注重亲切感，便于居民使用。

建筑小品以其灵活的造型、丰富多变的种类成为住区广场设计中较为常用的构筑物。建筑小品不仅是住区环境的一部分，除美化和点缀环境之外，也成为了住区的象征与标识，有助于加强浓郁的生活气息。住区的雕塑以居民容易接受的题材为宜，尺度不宜太大，要有人情味。

现代住区建筑体型简单明快，因此需要丰富的建筑小品来软化环境，增添亲切感。建筑小品不仅可以美化环境，在调节微气候环境方面也可以起到一定的作用。夏季可以起到遮阳避暑的作用，也可以有效改善风环境，调节微气候环境。

住区公共空间的大面积铺装以硬质铺地为主，主要以石材、木材、砖石等为主要材料。硬质铺地的材料选择，除了材质之外，还包括材料的颜色、尺寸等，不同的选择均会对住区广场形成不同的视觉感受。尺度因素会影响色彩和质感的选择以及拼缝的设计。广场铺装的大小、颜色和质感均与广场的尺度有关，不同的材料铺装形成强烈的质感对比，赋予广场丰富的个性特征。同时，不同的材料具有不同的光反射率，对周围热环境具有很大的影响，木质材料和石质材料在吸热散热方面也有很大的差异，由此可见，住区广场硬质铺装的选择直接影响着微气候环境。

2.6　本章小结

　　本章主要对与本研究相关的理论及基础进行总结。从寒地住区公共空间微气候特征、微气候环境对行为活动的影响和人体热舒适及其与微气候环境的关系三个方面建立了人–空间–微气候环境的关系，对规划设计研究的空间主体——住区户外活动空间进行了相关理论的总结；对环境行为学的基本概念和相关理论进行了阐述，介绍了环境对行为作用的重要理论；对城市气候理论和寒地城市气候特征进行了阐述，介绍了寒地住区公共空间微气候的特征及气候环境对居民的影响；从人体热舒适的角度出发，介绍了热舒适的主要人体指标影响因素以及热舒适的评价方法；阐述了住区公共空间微气候环境的影响因素，为后续的住区空间中热舒适性的研究提供理论依据。

第3章　严寒地区城市住区公共空间调研与实测分析

3.1　严寒地区典型代表城市选取

本研究以哈尔滨市城市住区为研究对象。根据《2016年哈尔滨市国民经济和社会发展统计公报》，哈尔滨市户籍人口962.1万人，60岁以上老年人口192.4万人，占总人口比重20.0%。哈尔滨市区面积7086 km²，居住面积74.27km²，人均居住面积为22.8m²，形成21个居住片区，本研究所调研住区广场从市区住区中选取。

3.2　调研设计

3.2.1　调研时间与调研地点选取

3.2.1.1　调研时间选取

在确定调研季节前，对哈尔滨历年气候数据进行分析，确定合适的调研时间。根据中国气象信息中心的统计，哈尔滨市1981年至2010年的月平均气候数据等数据如表3-1所示。

表3-1　哈尔滨市1981年至2010年的月平均气候数据

月份	月最低气温 /℃	月最高气温 /℃	月平均气温 /℃	月平均相对 湿度/%	气候学划分	热舒适性描述
1	−22.9	−12	−17.6	71	冬季	冷季节
2	−18.3	−6.3	−12.4	66	冬季	冷季节
3	−8.5	−2.8	2.8	55	冬/春季	过渡季节
4	1.4	14	7.8	48	春季	过渡季节
5	8.8	21.5	15.3	51	春季	舒适季节
6	15.2	26.5	21	62	夏季	暖季节
7	18.6	23.1	27.8	76	夏季	暖季节
8	16.9	26.5	21.6	78	夏/秋季	暖季节
9	9.3	21.2	15.1	69	秋季	舒适季节

月份	月最低气温 /℃	月最高气温 /℃	月平均气温 /℃	月平均相对 湿度/%	气候学划分	热舒适性描述
10	0.9	12.3	6.4	61	秋季	过渡季节
11	−9.5	−0.1	−4.9	63	秋/冬季	过渡季节
12	−19	−9.2	−14.3	69	冬季	冷季节

　　哈尔滨市属于严寒气候区、第Ⅰ建筑气候区，温带大陆性季风气候，四季分明。哈尔滨整体气候特征为冬季漫长寒冷，春季时间较短，气温变化快、回升快、温差大，降水少，空气干燥，适合户外活动的月份较少。《大气科学名词》将冬、夏之间的交替季节，一般为春、秋两季，定义为过渡季节。寒冷季节中，对环境微气候的调节收效甚微，微气候的设计应该在冷暖交替的"边缘季节"即早春或者晚秋，以有效延长不需要穿过于厚重的衣服进行户外活动的天数。对过渡季节进行微气候的研究，则有助于有效延长户外活动时长，使户外活动在过渡季节中更加舒适。基于此，调研的季节确定为2017年3月、4月。根据中央气象台的统计数据，2017年3月的气候数据如表3-2所示。在选取调研的具体日期时，在随机选取的基础上，排除了户外活动人数较少的雨雪、风大的日期，最终选取3月15日、19日、21日、24日、26日、28日六天。

表3-2　哈尔滨市2017年3月天气状况一览表

日期	最低气温/℃	最高气温/℃	天气状况	风力风向
1	−16	−5	多云/多云	北风3～4级/西北风≤3级
2	−15	−4	多云/阵雪	东风≤3级/东南风≤3级
3	−18	−3	多云/多云	北风≤3级/北风3～4级
4	−18	−7	多云/多云	西北风3～4级/西北风≤3级
5	−20	−6	多云/多云	西北风3～4级/西风≤3级
6	−9	−6	阵雪/多云	北风4～5级/西北风4～5级
7	−10	−3	多云/多云	北风4～5级/西北风3～4级
8	−9	1	多云/多云	西北风3～4级/西北风≤3级
9	−10	2	晴/晴	西北风≤3级/西风≤3级
10	−6	5	晴/晴	西南风≤3级/西南风≤3级
11	−4	7	多云/多云	南风3～4级/西北风3～4级
12	−5	4	雨夹雪/阵雪	东风4～5级/西北风≤3级
13	−5	3	雨夹雪/多云	西北风3～4级/西北风≤3级
14	−9	5	雨夹雪/晴	西风3～4级/西风≤3级
15	−6	6	晴/晴	西风3～4级/西风≤3级

日期	最低气温/℃	最高气温/℃	天气状况	风力风向
16	−3	10	晴/阵雪	西风≤3级/西风≤3级
17	−5	9	晴/阵雪	东风≤3级/东南风≤3级
18	4	9	多云/多云	北风3~4级/西风≤3级
19	3	7	晴/多云	西风3~4级/西风≤3级
20	4	5	多云/晴	西风3~4级/西南风≤3级
21	5	7	晴/多云	西北风3~4级/西北风≤3级
22	5	5	多云/多云	西北风3~4级/西北风≤3级
23	6	7	多云/晴	北风3~4级/北风≤3级
24	4	8	晴/晴	西风≤3级/西风≤3级
25	4	9	多云/多云	北风3~4级/北风≤3级
26	3	9	晴/多云	西南风3~4级/西南风≤3级
27	3	9	多云/多云	北风3~4级/北风≤3级
28	1	10	晴/多云	西风3~4级/西南风3~4级
29	2	9	阵雨/多云	北风3~4级/北风≤3级
30	5	10	多云/晴	北风≤3级/西风≤3级
31	5	9	阵雨/多云	北风≤3级/西北风≤3级

考虑到需要进行春季与夏季时期的对比研究，因此在春季与夏季分别选取调研日进行研究。将春季调研时间定为4月8日、4月9日和4月13日三天，夏季调研时间确定为6月23日、6月27日和6月28日三天。

哈尔滨地处严寒地区，每年4月28日到10月2日之间气候宜人，适宜室外活动。此段时间户外温度适中，从微气候角度出发，舒适度良好。哈尔滨的4月气温回暖，但是变化幅度较大，因气候问题，居民室外活动频率较低，通过微气候环境改善提高4月的户外舒适度显得至关重要，因此选择4月为实测月份进行微气候模拟的数据验证。

实测具体日期的选择与研究的内容有直接的关系，因数据采集需要太阳辐射数据，所以实测尽可能选择晴天。3月末开始通过网络即时了解未来几天哈尔滨市的天气情况，最终选择4月10日、4月19日、5月9日三天为实测日（其中4月末持续大风与降雨天气，导致有一组实测延后）。

3.2.1.2　调研地点选取

近年来，城市居民生活水平不断提高，地产行业快速发展，受大环境的影响，哈尔滨市各式各样的住区拔地而起，数量多且增长快，呈现出新旧住区差异明显的现象（图3-1、图3-2）。近年来新建的住区规模较大，环境质量较好，基础设施完善，同时，20

世纪八九十年代建设的住区占了总体住区的一半之多,它们或集中或分散地分布在城市的各个区域,没有优雅的住区环境,基础设施相当匮乏。在城镇化快速发展的同时,应该关注老式住区的进一步发展,营造一个美丽、舒适、人性化的居住环境。截至2016年,哈尔滨市中心城区的高层住区由2012年底的54个增长至71个,小区数量的不断增加,在解决人口居住问题的同时也对环境造成了一定的压力,建筑密度的不断增加使得城市微气候发生了一些改变,夏季闷热、雾霾严重等微气候环境的改善刻不容缓。

图3-1　旧住区环境　　　　　　　　　　　　　图3-2　新住区环境

　　住区中人流密度较高、聚集性较强的开放空间是住区内部的公共开放空间。因城市独特的气候条件,哈尔滨市住区公共空间的建设和发展呈现出以下特点:空间利用率低,季节性使用情况有较大的差异,冬季寒冷漫长,降雪频率高,使用率低,居民冬季户外活动时间短,活动项目单一,夏季炎热多雨,舒适使用时间有限;多数住区公共空间缺乏有效的遮风避雨等提高空间使用率的设施;旧住区空间规模小,中心城区内有大量老式多层住宅,因为气候原因,大量住宅以围合式布局为主,形成"回"字形建筑模式,导致住区公共空间封闭且面积小,缺少必要的活动设施(图3-3、图3-4)。新建住区多以高层住区为主,高层住区为了满足日照条件,在解决高密度居住的同时也增加了广场的面积,与旧住区形成了明显的差异。

图3-3　典型住区一　　　　　　　　　　　　　图3-4　典型住区二

　　此次对哈尔滨住区公共空间尺度的研究范围主要限定于具有明显空间形态的住区,以下对纳入统计的公共空间作几点说明:

（1）住区广场与绿地结合，绿化面积超过50%的住区不在本次统计范围内；

（2）住区具有多个大小均等的广场，选择其中一个作为统计对象；

（3）具有一定规模的老式住区形成围合空间，具备广场的基本功能的住区也在本次统计之中，其他分散式的老式住区不予统计。

利用Google Earth对哈尔滨市南岗区、香坊区、道里区、道外区、松北区等五个中心城区进行详细的观测与统计。在调研住区选取时，利用Google Earth对哈尔滨市主城区的住区进行了初步筛选（图3-5），筛选的条件为具有公共户外活动广场，初步筛选出479个住区。

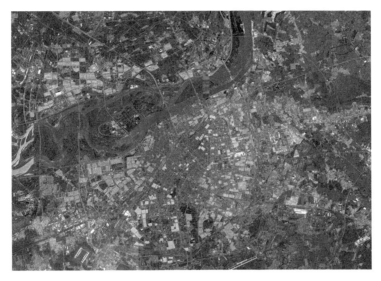

图3-5　哈尔滨住区初步筛选

根据实地调研，部分住区内虽然有较好的广场，但是因为属于新建住区，入住人数较少，活动人数较少，无法取得足够的活动数据样本，部分住区无法进入调研，由此排除了一部分住区。通过实地走访，选取活动人数较多的住区进行系统调研。

选取符合研究条件的住区广场403个，对住区公共空间的面积、广场形状、广场与周围建筑的宽高比和长高比进行了统计与计算，见附录2。对哈尔滨住区进行总结与归类之后，经过对以下8方面内容的层层筛选，选出具有代表性的住区进行调研实测：

（1）样本选择的关键是具有代表性和普适意义，所以调研选择的住区首先要满足的要求就是住区建筑的平面布局要规范、规整，无论建筑布局模式是行列式、周边式、围合式、错落式等的哪一种形式，都需要具有一定的规模，同时其布局要典型、合理。

（2）通过对403个住区广场的统计发现，矩形广场共计275个，占总数的68.2%，可见居民生活中最常见、使用最为广泛的是矩形广场，所以调研样本首先锁定广场为矩形的住区。

（3）住区广场面积在1000～5000m²之间的住区共计198个，占总数一半之多，其中广场形状为矩形的有114个，通过对这些住区的比较，可以发现面积在3000m²左右的小区占多数，样本选择优先考虑此范围内的住区。

（4）住区广场与周围建筑的宽高比小于2的住区共计320个，占总数的79.4%，其中符合上述3项内容的住区广场有93个。

（5）哈尔滨市住区主要以多层和高层住区为主，低层或是超高层数量极少，其中多层占有比例较大，新建小区以高层或是多层、高层混合的方式为主，此次样本选择主要考虑多层与高层住区。

（6）住区广场要具有明显的硬质铺地供居民开展活动，同时也要考虑绿化配置。虽然调研时间主要集中在过渡季节，绿化植被较疏落，但是其对微气候环境的影响不可小觑。

（7）本次调研后期需要发放问卷，以调查居民广场使用满意度及微气候环境舒适度，所以住区内部入住率与住区广场的使用情况将对本次研究产生一定的影响。针对满足以上条件的住区，进一步调研确认住区具有较高的入住率及广场使用情况，选择相对成熟的住区进行实测。

（8）哈尔滨市区内各区域距离相差较远，不同区域内建筑布局及建成情况具有很大差别，所以样本选择尽量相对分散，从而使实测数据更具有代表性。

通过以上内容的考量，综合考虑各项需求，本次调研最终选择福乐湾、保障华庭、滨江新城、沙曼小区、中北春城、世纪花园、轩辕花园、红河新区、嵩山小区等9个住区的广场进行实测；选择山水家园、泰山小区、欧洲新城3个小区作为微气候模拟对象。所选住区分别来自五个主要城区，住区相关信息如表3-3和表3-4所示。

表3-3　所选调研小区基本信息

住区名称	住区级别	主要层数	住区户数	建成年份
福乐湾	居住组团	6	1500	1996
保障华庭	居住小区	7	3600	2004
滨江新城	居住小区	17	2800	2012
沙曼小区	居住组团	7	1000	1993
中北春城	居住小区	18	4200	2007
世纪花园	居住小区	6	3119	2006
轩辕花园	居住小区	7	1300	2002
红河新区	居住小区	7	2000	2000
嵩山小区	居住小区	5	3300	1992

表3-4 模拟住区样本基本信息

住区名称	住区广场面积/m²	广场形状	布局模式	建筑类型	宽高比
山水家园	3955	矩形	行列式	多层	1.75
泰山小区	2840	矩形	L围合	多层	1.5
欧洲新城	3045	矩形	规则围合	多、高层	1.46

本研究调研的住区广场均为住区里的主要户外活动场地,是住区里活跃度最高的户外空间,承载较多的活动内容,活动类型丰富,人群集中。实测住区广场的相关信息如表3-5所示。

表3-5 调研住区广场信息表

名称	场地照片		相关信息
福乐湾			功能区域:绿化区、休息区、活动区 尺寸:长55m,宽30m 设施组成:凉亭、座椅
保障华庭			功能区域:绿化区、休息区、活动区 尺寸:长235m,宽25m 设施组成:凉亭、座椅、健身器材、景观小品、乒乓球案
滨江新城			功能区域:绿化区、休息区、活动区 尺寸:长85m,宽40m 设施组成:凉亭、座椅、健身器材、景观小品、乒乓球案
沙曼小区			功能区域:休息区、活动区 尺寸:长45m,宽30m 设施组成:凉亭、座椅、健身器材、游乐滑梯

续表

名称	场地照片	相关信息
中北春城		功能区域：运动区、活动区、休息区 尺寸：长300m，宽40m 设施组成：凉亭、座椅、健身器材、乒乓球案
世纪花园		功能区域：绿化区、活动区、休息区 尺寸：长115m，宽110m 设施组成：座椅、健身器材、凉亭
轩辕花园		功能区域：绿化区、活动区、休息区 尺寸：长70m，宽60m 设施组成：座椅、健身器材、凉亭
红河新区		功能区域：绿化区、活动区、休息区 尺寸：长100m，宽60m 设施组成：座椅、雕塑、凉亭
嵩山小区		功能区域：绿化区、活动区、休息区 尺寸：长80m，宽60m 设施组成：座椅、雕塑、凉亭

　　调研所涉及的广场主要为多边形、矩形、不规则形。寒地住区公共空间的功能组成对比城市广场来看相对单调，主要由活动区、休息区、绿化区组成。有些住区广场没有单独的绿化区，只有简单的树池。在所调研的季节内，广场上只有小部分常绿植物，整体绿化景观效果较差，无论从空间围合感受还是视觉感受上都有所欠缺，活动感受不佳。调研的住区广场的休息区一般布置有凉亭和长条座椅设施，也有矩形花池附带座椅设施功能。广场的活动区域由健身设施区和活动场地组成。整体来看，住区广场的设施

相对单调，且普遍存在破损现象。设施主要为座椅、健身设施、凉亭，一些住区有乒乓球设施、儿童滑梯等。

3.2.2　访谈与问卷设计

为了使住区广场的调研问卷真实有效，问卷设计遵循以下几点要求：

（1）问卷设计前期，针对舒适度问题查阅相关问卷的设计方法，例如中国社会科学院的工作满意度问卷、国外的明尼苏达满意度问卷，学习问卷框架的搭建与设计，问卷设计要合理可行，做到问卷行之有效。

（2）为了确保本次问卷调查能够有针对性和现实可行性，有效达到调查目的，问卷设计以住区居民实际使用情况为切入点，考虑到广场使用以中老年人居多，问卷设计需要简洁明了，采用多重计分方式。

（3）调查指标需要具有针对性，每个指标需要结合论文整体研究的内容与方向进行设计，主次要分明，考虑到被调查者年龄、文化均有差异，问卷设计要易懂。

通过对住区广场中的受访者进行调研，针对广场中的受访者进行问卷访谈，发放问卷550份，收回有效问卷532份。通过对问卷信息的统计得出数据，相关数据结果可代表过渡季节中寒地住区广场上人群特征。具体的统计内容为受访者个人基本情况，包括年龄段、性别、学历、年收入等信息，对受访者的心理感受的访谈，以及人群来源分析、活动频率和活动季节分析、活动目的分析、气候影响分析。调查问卷见附录1。

3.2.3　微气候观测与行为注记

实测主要采用仪器测量，使用之前各仪器均经过检测单位校准，测量的同时，用相机记录观测点周围的环境和住区广场居民活动类型。测量仪器的主要参数见表3-6。

表3-6　测量仪器参数表

仪器名称	存储方式	存储时间间隔	参数	精度	测试范围	单位
Testo435型 手持气象站	手动或自动	1s～120min 手动设置	温度	± 1.0	−200～1370	℃
			相对湿度	± 3%	0.0～100.0	%
			风速	± 3%	0.0～60.0	m/s
TD-JTR-05 太阳辐射测试仪	手动或自动	1s～60min 手动设置	太阳 辐照度	± 5	所有 可见光	W/m²

（1）气象参数

使用Testo435型手持气象站和TD-JTR-05太阳辐射测试仪在同一时间段分别观测住区广场不同观测点的气象参数，包括温度、相对湿度、风速和太阳辐照度。实测当天从8:30开始，仪器每30min自动记录气象数据1次，持续记录到17:00。

（2）活动人数

实地观测的住区公共空间地形平坦、尺度适宜，所以在记录住区公共空间活动人数时借鉴环境行为学研究中的行为标注的方法，通过现场观察、拍照摄影等方式，对住区广场内的个人和群体以及他们的活动内容加以记录。本次实测中在观测日8:30开始，每30分钟记录一次此时间段内在广场停留15分钟以上的活动人数。

（3）周边环境

利用拍照的方法，记录住区公共空间周边环境状况，包括周边建筑层数、建筑色彩、建筑新旧程度、广场周边绿化情况、道路情况，以方便后期真实客观地评价住区广场的微气候环境。

3.3　使用者调研分析

3.3.1　使用者的基本情况分析

1.年龄构成

对整个调研期间活动人群进行统计分析。按年龄划分，广场活动人群中占比由高到低依次为老年人、少年儿童、中青年人（图3-6）。老年人占活动记录人群中的67.1%。由此可知，住区广场中活动的主要人群为老年人，因此在广场的设计中应该更多地对老年人群进行考虑。

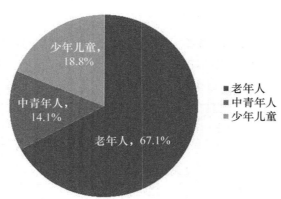

图3-6　住区广场活动人群年龄段比例

虽然调研住区不同，但是在过渡季节中，老年人数量在一天中的变化有相似的规律。通过调研了解到，老年人选择进行活动时主要考虑天气状况，这体现对微气候是否舒适进行的主观判断。住区广场上几乎整个活动时间段内都有老年人，但是不同时间段的数量变化明显，这体现了老年人群活动的持续性和时间特征。

2.居住时长

如图3-7所示为三个住区中全部使用者居住时长的比例，可以看出，被调查的使用者中绝大多数是居住在这里3年以上的居民，高达98%，由于长时间地在这种气候环境条件下居住，这些使用者对所处的居住环境的气候已有很好的适应能力，可以很好地代表本地使用者；使用者中仅有2%的居民居住时长少于3年的时间，他们多数是探亲或是退休后刚刚迁移住所，这部分使用者占比较少，对本书的研究结果影响很小。

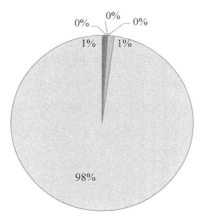

■<1个月　■1～3个月　■3～6个月　■0.5～1年　□1～3年　□>3年

图3-7　住区广场活动人群居住时长

3.人群来源分析

通过调研问卷统计得出，住区广场上活动的使用者除了本住区的住户外，还有一部分来自住区外。根据统计，80.6%的使用者是本住区的住户，19.4%是外住区人员，这体现了住区活动广场的共享性（图3-8）。

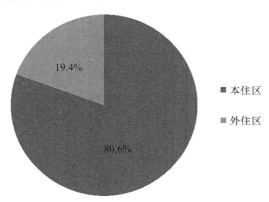

图3-8　住区广场人群来源构成

3.3.2　使用者的热环境心理调研分析

为了解使用者的热环境需求，本研究分别在过渡季节时期和夏季时期对住区A、B、C三处空间通过访谈的形式运用5点量表法来度量使用者对场地中的微气候环境的改善期望。图3-9～图3-11中柱体分别代表不同的微气候指标（风速、空气温度、相对湿度和太阳辐射强度），横轴代表对微气候指标的期望变化的尺度，百分比表示期望微气候指标在该尺度上进行调整的使用者占全部使用者的比例。

图3-9表示住区A空间过渡季节时期和夏季时期使用者的热期望，可以看出，过渡季节时期，各项微气候指标均有约半数的使用者希望得到改善，约52%的使用者希望风速减弱，59%的使用者希望空气温度提升，约42%的使用者希望相对湿度增加，61%的使用者希望太阳辐射增强。夏季时期约有77%的使用者希望风速提升，71%的使用者希望温度降低，约67%的使用者希望湿度提升，98%的使用者希望太阳辐射减弱。可以看出，过渡季节时期使用者对微气候环境有改善的需求，夏季时期对太阳辐射强度的改善意愿十分强烈。

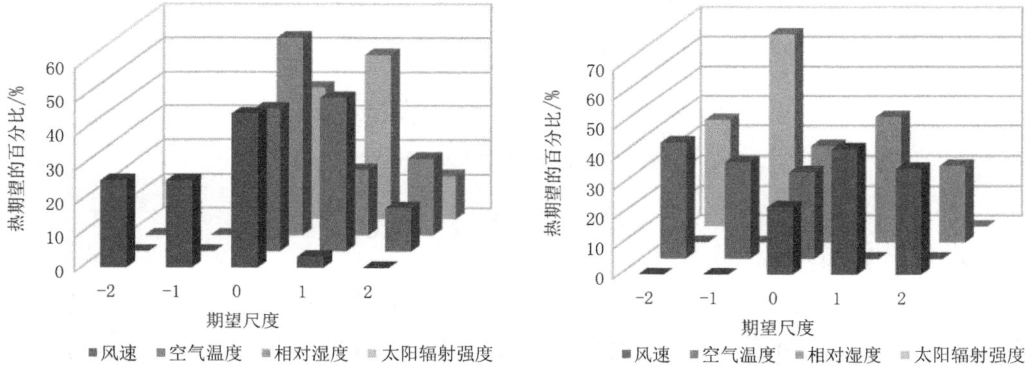

（a）过渡季节　　　　（b）夏季

图3-9　过渡季节时期和夏季时期住区A空间使用者的热期望

住区B空间过渡季节时期和夏季时期使用者的热期望见图3-10，可以看出，约有40%的使用者希望风速得到减弱，43%的使用者希望温度降低，约有50%的使用者希望湿度加大，另有45%的使用者希望太阳辐射增强。夏季时期则有64%的使用者希望风速加大，52%的使用者希望温度降低，46%的使用者希望湿度加大，72%的使用者希望太阳辐射减弱。

图3-11表示住区C空间过渡季节时期和夏季时期使用者的热期望，可以看出，过渡季节时期约有71%的使用者希望风速得到减弱，温度得到提升，约有58%的使用者希望湿度加大，68%的使用者希望太阳辐射提升。夏季时期约有71%的使用者希望风速提升，温度降低，仅有33%的使用者希望湿度加大，87%的使用者希望太阳辐射减弱。

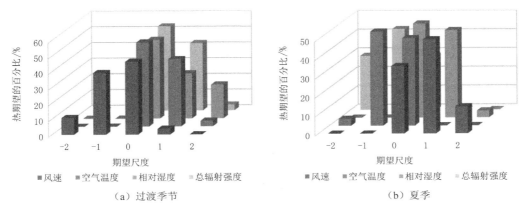

图3-10　过渡季节时期和夏季时期住区B空间使用者的热期望

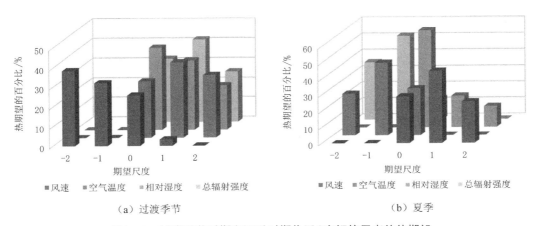

图3-11　过渡季节时期和夏季时期住区C空间使用者的热期望

3.3.3　使用者的行为活动特征分析

通过观察使用者的行为活动，了解使用者的行为活动规律，分析其与微气候环境的关联，以进一步了解使用者的环境需求。对使用者的行为活动特征分析包括来访目的、活动时长、活动时间分布以及空间使用的分布规律等。

1．来访目的

使用者的来访目的主要包括休息、锻炼、打牌、路过、等待等（图3-12），其中休息占的比重最大，将近一半，使用者多数为55岁以上的老年人；到住区公共空间，进行锻炼的使用者比重也较大，占总人数的31%，这部分使用者多利用早晚时间进行锻炼，或利用住区空间中的运动器械进行锻炼；打牌的使用者人数也较多，占到14%，他们多数围坐在一处打扑克或是下象棋等；有部分使用者只是穿行于活动空间，还有少量等待子女放学或是等待朋友的使用者。

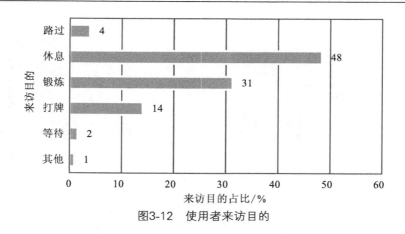

图3-12　使用者来访目的

2.活动时长

从过渡季节时期和夏季时期使用者的活动时长分布图3-13可以看出，春季过渡季节时期的使用时长明显低于夏季时期。春季活动时长集中在2～3h，约有36%的使用者过渡季节时期的活动时长为2～3h，约26%的使用者活动时长为3～4h，分别有21%和16%的使用者活动时长为1～2h和小于1h，而活动时长超过4h的使用者仅占2.5%左右，这是因为过渡季节时期气温较低，不适宜使用者长时间在户外停留。夏季时期使用者活动时长多集中在3～4h，这部分使用者约占到34%，另有约21%的使用者活动时长为2～3h，18%的使用者活动时长超过4h，整体上夏季使用者活动时长相比春季过渡季节时期偏长。

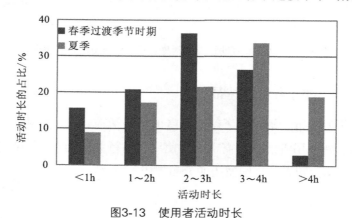

图3-13　使用者活动时长

3.活动频率与活动季节

通过对广场上的使用者进行问卷调研，统计得出，在活动频率方面，87.9%的使用者每天会到广场上活动，7.3%的使用者每周会有3～5次到广场上活动，0.9%的使用者每月会有几天到住区广场上活动，3.9%的使用者选择一年中会有几次到广场上活动（图

3-14）。由此可见，大部分使用者到住区广场上的活动具有日常性，侧面反映广场上活动的使用人群相对固定。

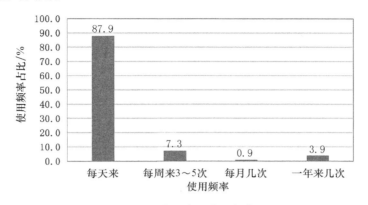

图3-14　住区广场使用频率

在活动季节的选择中，97.8%的使用者选择在春季进行锻炼，96.6%的使用者选择在夏季锻炼，92.2%的使用者选择在秋季锻炼，28.9%的使用者选择在冬季锻炼（图3-15）。

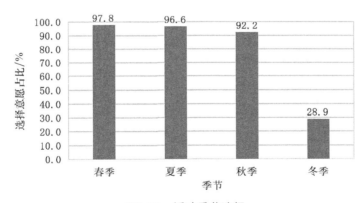

图3-15　活动季节选择

冬季受严寒气候的限制，很多使用者会减少在广场上活动的次数和时间，甚至有的老年人会选择"猫冬"，几乎整个冬季都在室内度过。部分住区建设有老年人活动中心，老年人在冬季时会选择到活动中心进行室内活动。虽然不同的季节都有使用者在广场上进行活动，但是部分季节的活动受气候因素影响较大，活动感受不佳。

4.气候影响

通过对调研问卷的分析，79.7%的使用者在到广场活动时会选择考虑天气状况，15.9%的使用者不会考虑天气状况，4.4%的使用者选择不清楚。这说明天气状况对使用者是否进行户外活动有较大的影响（图3-16）。

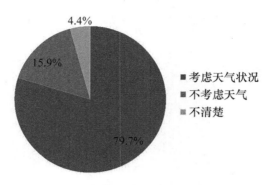

图3-16　天气状况对活动意愿的影响

关于具体天气因素，63.8%的使用者认为"风大"对活动影响，54.7%的使用者认为"天气冷"对活动有影响，39.7%的使用者认为"没有阳光"对活动有影响，25.4%的使用者认为其他天气状况会对活动有影响，9.5%的使用者认为"天气潮湿"对活动有影响，6.9%的使用者认为"天气干燥"对活动影响（图3-17）。从调研的数据得出，过渡季节中，老年人在户外活动时，风速、温度、光照对老年人的活动影响较大。

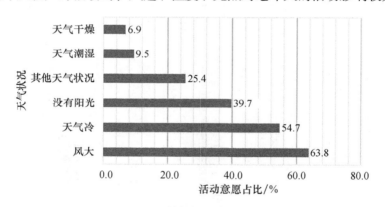

图3-17　具体天气因素状况影响分析

3.4　住区广场微气候实测分析

3.4.1　住区广场春季微气候实测分析

3.4.1.1　福乐湾住区广场微气候

1.测试点选取

福乐湾住区广场的测试点选取如图3-18所示，在广场中共布置11个测试点，基本均等分布在广场中。测试点1至9均等布置，测试点4、5、7、9布置在广场活动人群的较集中的座椅区域，测试点8布置在凉亭，测试点10和测试点11布置在广场活动人群最为集中

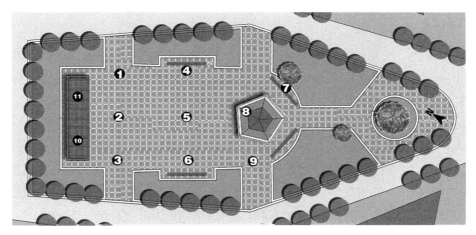

图3-18　福乐湾住区广场测试点分布

的区域。测试点3、6、9较长时间处于建筑阴影之下，测试点8处于凉亭阴影下，测试点10、11因为处于半围合的凉亭内，可以起到挡风的作用，风环境相对较舒适。

2. 温度环境

住区各个测试点之间在测试时段内的整体变化趋势相似。就整体温度变化情况来看，住区广场温度从7:30开始升高，一直到10:30后进入温度相对稳定的阶段，一直到16:00后温度开始下降。就各个测试点的差别来看，7:00至7:30、16:30至19:00时间段内广场的各测试数值和变化程度相近。7:30至16:30时间段内，因为光照的不均匀，广场上不同测试点的温度数值差别较大。测试期间，温度较高的时间段为12:30至15:00，最高温度为测试点2的10.9℃，最低温度为测试点1、2、3、4、7、8的-0.1℃，住区广场的平均温度为6.2℃。测试点1的平均温度最高，为6.4℃；测试点8的平均温度最低，为5.9℃（图3-19）。

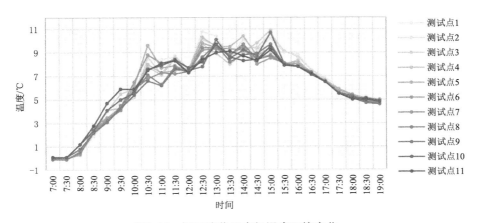

图3-19　福乐湾住区广场温度环境变化

3.湿度环境

测试时段内，福乐湾住区广场各个测试点的湿度变化趋势基本相似（图3-20）。广场上各个测试点的湿度除了受光照和风的影响，也受到积雪融化的影响。处于影响下的测试点3、6、9有较多积雪，湿度相对较大。住区广场上的湿度从7:00开始下降，9:00后进入相对变化较小的时间段。10:30因为光照充足，部分测试点湿度下降程度较大。12:00之后因为持续的光照，广场上各个测试点的湿度下降，15:00之后各测试点的湿度开始增加，16:30之后光照减少，湿度增加幅度较大。测试时段内，各测试点的最低相对湿度为测试点3的29.2%，最高相对湿度为测试点10的45.2%，住区广场的平均相对湿度为36.7%。测试点10的平均相对湿度最高，为37.2%；测试点1的平均相对湿度最低，为36.1%。

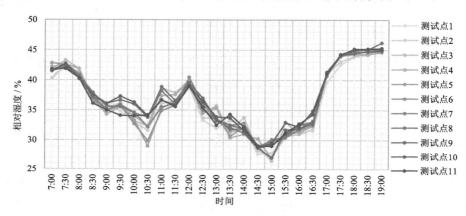

图3-20　福乐湾住区广场湿度环境变化

4.风环境

住区广场各个测试点的风环境变化趋势差别较大，住区整体的风环境变化无明显趋势规律，不同的测试点的风速变化规律不同（图3-21）。7:00至16:00时间段内，住区广场不同测试点的风速差别较大，16:30至19:00这段时间内广场风速相对较低，基本在1.5m/s以下，也相对稳定。风速的变化主要源于冷暖空气的对流，白天住区内的光照方向不断地移动和变化，因此住区广场各测试点的风速变化规律不相同。测试期间，瞬时风速最高值为测试点1的4.4m/s，最低值为测试点10在8:00的0.08m/s，整个住区广场的平均风速为1.27m/s。测试点5的平均风速最高，为1.5m/s；测试点11的平均风速最低，为0.68m/s。

3.4.1.2　保障华庭住区广场微气候

1.测试点选取

保障华庭住区广场的测试点如图3-22所示，在广场中共设置14个测试点。此住区广场被分为三个部分，不同区域的功能有所不同，且微气候环境也有所差异。住区广场长

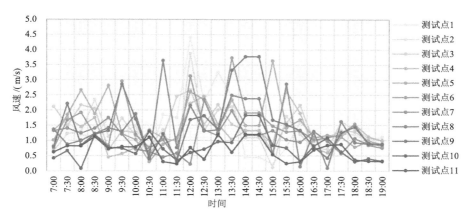

图3-21　福乐湾住区广场风环境变化

度较长，宽度窄，因此测试点布置成线形，部分测试点偏向活动人群集中的区域。测试点1、2、12、13、14位于健身器材区域，有较多的老年健身活动人群，测试点6、7、8位于广场老年活动人群较集中区域，此处光照时间久，测试点9位于凉亭处，有较多坐憩的老年人。

图3-22　保障华庭住区广场微气候测试点

2.温度环境

住区各个测试点在测试时间内的变化趋势相似（图3-23）。就整体温度变化情况来看，住区广场的温度从7:30开始升高，一直到14:30，此时间段内住区广场的温度整体上处于升高态势。之后住区广场的温度开始下降，17:00至19:00时间段内，住区广场温度变化不大，相对稳定。就各个测试点之间的差别来看，7:00至8:30以及16:00至19:00时间段内，各测试点之间的测试值和变化程度接近，8:30至16:00时间段内，各测试点的数值差别较大，处于阴影下的测试点温度较低。测试期间，温度较高的时间段为11:30至15:00，最高温度为测试点1的11.9℃，最低温度为测试点6、8的-1.6℃。测试点3的平均温度最高，为5.5℃；测试点5的平均温度低，为4.9℃。

3.湿度环境

测试时段内，保障华庭住区各个测试点的湿度变化趋势基本相似，广场湿度的变化主要受光照影响（图3-24）。从住区广场整体情况来看，广场湿度从8:00开始下降，一直到14:30后湿度增加，18:30至19:00湿度增加较大，7:00至8:00是测试时间段内湿度较

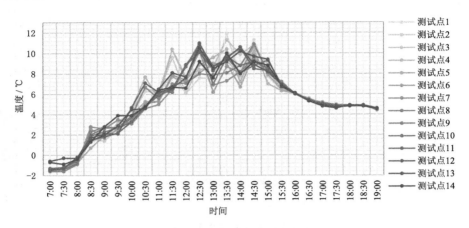

图3-23　保障华庭住区广场温度环境变化

大。就各个测试点来看，11:00至14:30各测试点的湿度差别较大，其主要原因为，此时间段内，光照是湿度变化的主要原因。测试时间段内住区广场的平均相对湿度为30.1%，最高值为测试点4在7:00时的47.3%，该区域处于建筑阴影下时间较长；最低值为测试点1在14:30的20.5%，该测试点较长时间处于光照下，风速较大。测试期间，测试点2的平均值最低，为29.6%，测试点11的平均值最高，为30.5%，各个测试点的平均值差别不大。

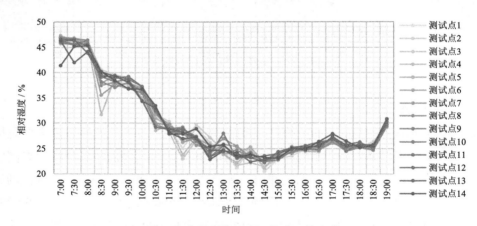

图3-24　保障华庭住区广场湿度环境变化

4.风环境

住区广场的各个测试点风速随时间的变化没有统一规律，住区广场不同区域的风环境差别较大（图3-25）。18:00至19:00住区上不同测试点的风速差别相对小。广场上会出现瞬时高风速。测试期间内广场的平均风速为1.2m/s，最高风速为测试点4在14:00的5.07m/s，最低风速为测试点11在18:00的0.03m/s。测试点7的平均风速最高，为1.8m/s；测试点11的平均风速最低，为0.82m/s。

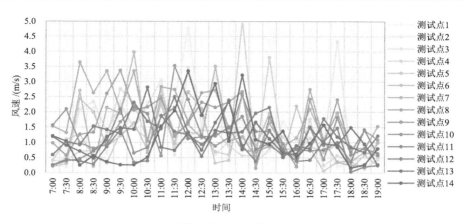

图3-25   保障华庭住区广场风环境变化

3.4.1.3   滨江新城住区广场

1. 测试点选取

滨江新城住区广场的测试点选取如图3-26所示，在广场中共布置10个测试点，基本覆盖广场的主要活动区域。测试点1、4、5、7、10位于广场上的座椅区域，有较多的老年人群休息，测试点3位于凉亭附近，测试点2、6、8、9位于广场的景观围合区域。该住区建筑层数较高，因为风环境和光照的影响，舒适度感受相对较差，测试点5、6、8、9较长时间处于建筑阴影下，老年活动人群在此附近相对较少。

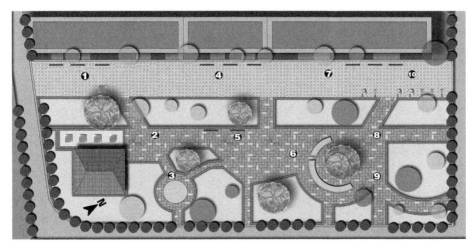

图3-26   滨江新城住区广场测试点

2. 温度环境

住区广场从7:00到12:30温度保持升高趋势，12:30开始温度下降。之后，住区广场上各测试点的温度维持在4~7℃。就各测点的差别来看，7:00至7:30和13:00至19:00两个时间段内，各测试点之间的数值差小，变化程度相似。7:30至13:00，因为光照的不均匀，各测试点的差别较大。测试期间，最高温度为测试点1的14.8℃，最低温度为测试点1、2、3、4、5、6、7出现的−0.8℃，整个住区广场的平均温度为6.5℃。就各个测试点来看，测试点1处于阳光之下的时间较长，平均温度最高，为7.48℃；测试点7、8、9较长时间处于阴影下，平均温度较低，测试点8的平均温度最低，为5.6℃（图3-27）。

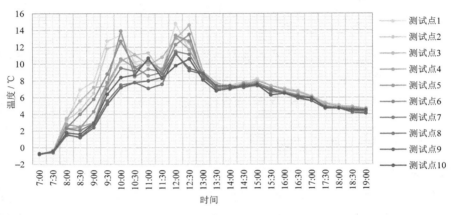

图3-27　滨江新城住区广场温度环境

3.湿度环境

测试时间内，滨江新城住区各个测试点的湿度变化趋势基本相似（图3-28），光照影响了住区广场的湿度变化，湿度从7:00开始下降，15:00之后光照减少，湿度增加。湿度较高的时间段为7:00至8:00。就各个测试点的差别来看，7:30至13:00时间段内，各个测试点之间的湿度差别较大，其他时间段差别相对较小。测试时间段内住区广场的相对湿度平均值为39.1%，最高值为测试点3在7:00的61.6%，最低值为测试点1在12:00的25.8%。测试点1的平均值最低，为36.9%；测试点9的平均值最高，为41.0%。

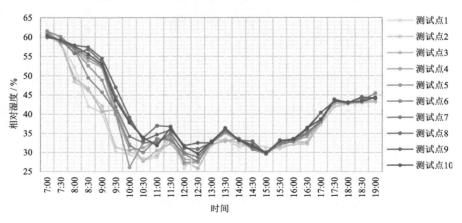

图3-28　滨江新城住区广场湿度环境

4.风环境

住区广场风环境整体特征是12:00至17:00风速明显高于其他时间段（图3-29）。测试时间段内的平均风速为1.50m/s，最高风速为测试点9在15:30的6.32m/s，最低风速为测试点3在11:30的0.1m/s。测试点3的平均风速最小，为1.2m/s；测试点2的平均风速最大，为1.7m/s。

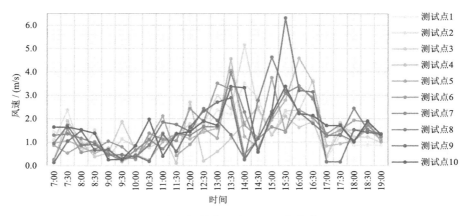

图3-29　滨江新城住区广场风环境变化

3.4.1.4　沙曼小区广场

1.测试点

沙曼小区广场的测试点的选取如图3-30所示，在住区广场中共布置10个测试点，分布在广场中的主要活动区域以及微气候因素容易产生变化的位置。测试点1、9位于凉亭区，有较多老年人休息、聊天；测试点8位于滑梯附近，此处因为有较多儿童活动，有较多老年人在此看护儿童同时相互聊天；测试点2、3、7、10位于广场的边缘区域，靠近健身器材，有较多的老年人在此健身锻炼。测试点5、6、7位于广场的主要活动区域，日照时间相对较长，有较多老年人在此测试点附近聊天、做操、晒太阳。测试点1、2、4、5较长时间处于建筑阴影下，微气候环境舒适感受相对差。

2.温度环境

从住区广场整体温度变化情况来看，温度从7:00开始升高，11:30至13:30温度环境相对稳定，13:30之后温度一直保持下降的趋势。就各个测试点来看，7:00至16:00时间段内各个测试点的数值差别较大，16:00至19:00时间段内各个测试点的温度数值和变化程度相近，主要原因为16:00之后住区广场上各个测试点都没有光照，温度相接近。测试时间段内，温度较高的时间段为10:00至14:30，最高温度为测试点10的12.5℃，最低温度为测试点2的1.4℃，平均温度为7.4℃。就各测试点来看，测试点2的平均温度最低，为7.06℃；测试点7和10的平均温度高于其他测试点，分别为7.9℃和7.93℃（图3-31）。

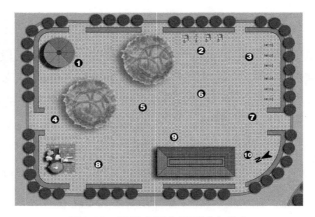

图3-30　沙曼小区广场测试点分布

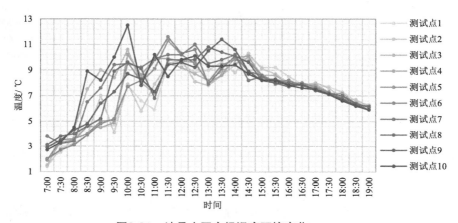

图3-31　沙曼小区广场温度环境变化

3.湿度环境

测试时间段内，各测试点湿度变化趋势基本相似，整体上，住区广场湿度从7:00开始下降，14:00后，广场光照减少，湿度开始缓慢增加，湿度较高的时间段为7:00至8:00（图3-32）。

就各个测试的差别来看，7:00至14:30时间段内，各个测试点的差别较明显。住区广场的相对湿度平均值为28.4%，最高值为测试点1在7:00的44.1%，该测试点附近处于阴影下时间较久，最低值为测试点6在11:30的19.9%，该位置光照时间较长，通风较好。测试点2的平均值最高，为29.0%；测试点7的平均值最低，为27.9%。

4.风环境

测试时间段内风速变化没有统一规律（图3-33），风速的平均值为0.7m/s，最高风速为测试点6在13:00的2.7m/s，最低风速为测试点7在13:30的0.02m/s。测试点6的平均值最高，为1.0m/s；测试点2的平均风速最低，为0.5m/s。

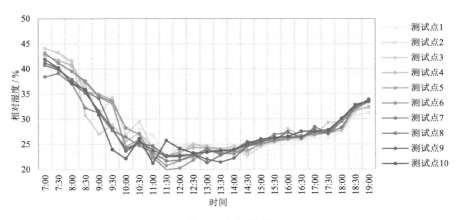

图3-32　沙曼小区广场湿度环境变化

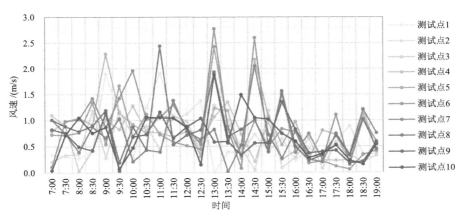

图3-33　沙曼小区风环境变化

3.4.1.5　中北春城住区广场

1.测试点选取

中北春城住区广场测试点选取如图3-34所示，在广场中共布置17个测试点，都布置在活动较集中、微气候因素容易变化的区域。

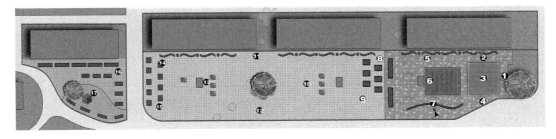

图3-34　中北春城住区广场测试点

中北春城住区广场面积较大，活动内容丰富，活动人群较多，老年活动人群占比大。广场位于两排行列式高层之间，光照和风环境较差。测试点1~4所在区域光照时间相对较长，有较多的健身设施，老年活动人群较多。广场中部虽然面积较大，但是活动人群较少，在边缘区域及中心布置了测试点5~17共13个测试点，测试点17布置在凉亭附近。

2.温度环境

测试时间段内，住区广场温度整体7:00之后一直处于升高阶段，8:30至16:00时间段内，大部分测试点的温度在7~9℃范围内，部分测试点，如测试点1、2、3、4、10、11温度较高，测试点3、7、12处于阴影下，出现较低温度。8:30至16:30时间段内不同的测试点温度波动较大。温度较高的时间段为8:30至12:30，最高温度为测试点2在9:00的11.8℃，最低温度为测试点11、14在7:00的3.1℃。测试时间段内住区整体的平均温度为7.2℃，就各个测试点来看，测试点7的平均温度最低，为6.8℃，测试点2的平均温度最高，为7.7℃（图3-35）。

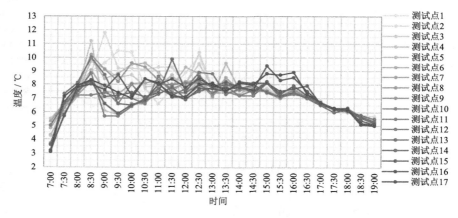

图3-35　中北春城住区广场温度环境变化

3.湿度环境

测试时间段内，各个测试点的湿度变化趋势基本相似，湿度的变化主要受太阳光照的影响（图3-36）。湿度从7:00开始一直下降，16:30后光照减少，湿度开始增加。7:00至8:00时间段是湿度较高的阶段。就各个测试点的差别来看，8:00至13:00时间段内由于光照的不均匀，各个测试点的湿度差别较大。整个测试时间段内，住区广场的相对湿度平均值为33.2%，最高值为测试点14在7:00的57.7%，最小值为测试点1在12:00的22.8%。测试点11的平均相对湿度最高，为35.1%；测试点17的平均相对湿度最低，为32.3%。

4.风环境

各测试点的风环境变化差别较大，在7:00至8:00和17:30至19:00时间段内，风速差

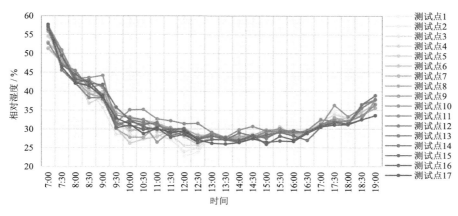

图3-36　中北春城住区广场湿度环境变化

别不大，是测试时间段内风速较小的时间段。其他时间段不同测试点的风速差别较大，主要原因为建筑的排布形式影响了住区广场的风环境。测试期间，广场的平均风速为1.41m/s，最大风速为测试点8在12:00的5.57m/s，最小风速为测试点11、12的0.05m/s。测试点7的平均风速最大，为1.84m/s，测试点16的平均值最小，为0.95m/s。整体来看，住区广场不同测试点的风速差别较大，建筑之间的山墙间隙空间的测试点风速普遍偏大（图3-37）。

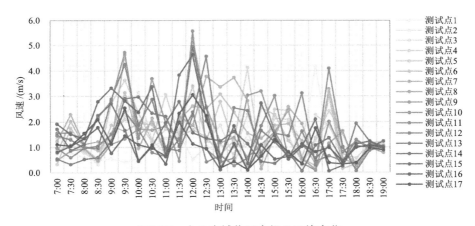

图3-37　中北春城住区广场风环境变化

3.4.1.6　世纪花园住区广场

1.测试点

世纪花园住区广场的测试点选取如图3-38所示，在广场中共布置12个测试点，主要布置在广场中活动人群集中的区域。测试点1、2、3位于广场中心的休息座椅区域；测试点4位于绿化凉亭附近；测试点6、8、9位于广场的健身设施区域附近；测试点7、12位于

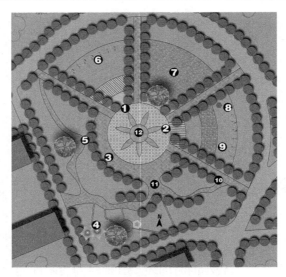

图3-38 世纪花园住区广场测试点

广场中较开阔的活动区域中。广场所处位置的光照时间较均匀，南部绿化区域处于建筑阴影下的时间长于北部的活动区。

2.温度环境

住区各个测试点在测试时间的整体变化趋势相似（图3-39）。就整体温度变化情况来看，住区广场温度从7:00开始升高，一直到13:00，之后温度开始下降，14:00至16:00大部分测试点温度变化较小，16:00至19:00住区阳光逐渐减少至无，温度下降较快。就各个测试点的差别来看，8:00至10:00以及10:30至16:00这两个时间段内，不同测试点之间的变化趋势和数值差别较大，其他时间段内各个测试点的数值变化趋势差别较小。测试期间，温度较高的时间段为10:30至14:00，其中最高温度为测试点6在13:00的16.6℃。

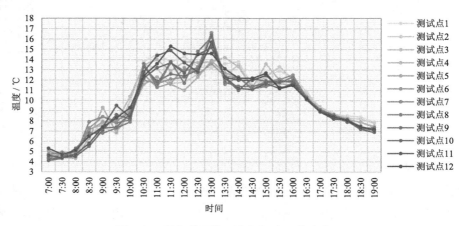

图3-39 世纪花园住区广场温度环境变化

3．湿度环境

测试时段内，世纪花园住区广场各个测试点的湿度变化趋势基本相同。整体来看，广场的湿度从8:30开始下降，一直到15:30湿度开始增加。整体上看，广场上不同测试点的湿度数值较接近。测试时间段内，广场相对湿度的平均值为32.4%，7:00至8:30的相对湿度较高。相对湿度最高值为测试点3和10在19:00的55.5%，最低值为测试点10在13:30的12.5%（图3-40）。

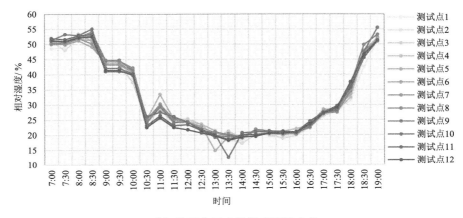

图3-40　世纪花园住区广场湿度环境变化

4．风环境

住区广场风环境整体风速维持在1m/s左右的，除了测试点2、4、5、8、12等广场南向的测试点出现过较大风速。住区广场平均风速为1.23m/s，最高风速为测试点2在13:30的5.06m/s，最低风速为测试点6在17:30的0.01m/s。测试点2的平均值最高，为1.70m/s；测试点3的平均值最低，为0.87m/s（图3-41）。

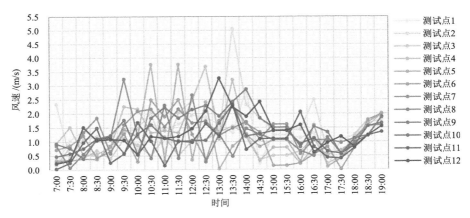

图3-41　世纪花园住区广场风环境变化

3.4.2　住区广场春季夏季微气候对比分析

3.4.2.1　住区A——轩辕花园小区微气候环境

轩辕花园小区位于哈尔滨市道外区太古街227号，于2002年建成，小区为多层住区，拥有一长方形中心广场，面积约为2500m²，四面被建筑围合，宽高比约2∶1，围合感较强，广场空间接近正方形，中心布置有景观雕塑。

测试时间：2017年4月8日，天气晴，气温–2～12℃，西南风3～4级。2017年6月23日，天气晴，最高气温31℃，最低气温20℃，西风≤3级。

住区中心广场的平面为对称形，为了充分覆盖整个场地，在场地中均匀布设9个测点，各个测点的位置如图3-42所示。实测结果的分析包括对春季过渡季节和夏季两个时期住区A空间中的风环境、温度环境、湿度环境和太阳辐射环境进行的分析。

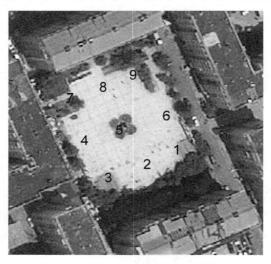

图3-42　住区A的平面图

1.风环境

住区A空间中春季过渡季节和夏季各测点的最大风速值、最小风速值、日均风速值和第一、第三个四分位值如图3-43所示。春季过渡季节时期各测点的风速值在0.5～1.5m/s范围内浮动，测点A-5、测点A-6、测点A-8的风速波动较大，出现了瞬时的高峰值，风速值接近3.3m/s，这三处空间相对较为开敞，测点A-5位于广场正中，无遮挡，测点A-6靠近风口附近，测点A-8相对也较为开敞，测点A-2的平均风速较高，其位于广场东西向入口形成的风廊中，因此平均风速较高。夏季时期各测点的风速值在0～1.5m/s的范围内浮动，其中测点A-2、测点A-5、测点A-6处的瞬时风速较高，测点A-5较开敞，出现瞬时2.0m/s的较高风速，测点A-7、测点A-9处的风速较低，这是由于这两处有绿化种植，夏季植物对风的阻碍作用，改善了局部气流，导致风速降低。

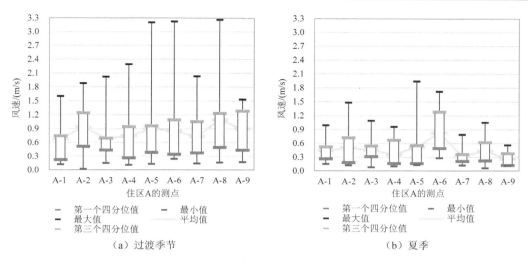

图3-43　住区A过渡季节和夏季时期各测点的风速

2.温度环境

图3-44显示了住区A空间中春季过渡季节时期和夏季各测点的日平均温度和测量时间段内的温差。过渡季节测点A-1和测点A-3两处的温度略高，可能是由于测点A-1和测点A-3两处为运动健身空间，下垫面为储热性能较好的细沙；测点A-7处有木质和皮质的休闲设施，吸热效果好，且测点A-7位于场地的最北侧，光照充足，长时间处于阳光照射下，因此温度有所升高。夏季时期则相反，测点A-7处的温度最低，这是由于夏季时期测点A-7处植物较多，多为高大的乔木，蒸发散热作用明显，因此测点A-7处的温度明显低于其他测点处。从图中还可以看出，各测点过渡季节时期的温差大于夏季时期的温度差值，过渡季节时期的日温差约为8℃，夏季时期日温差约为6℃。

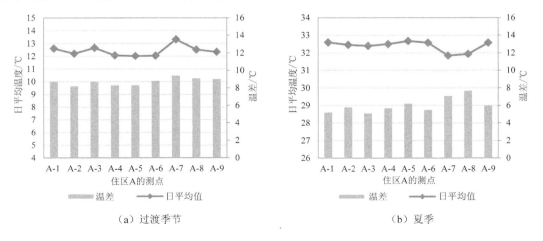

图3-44　住区A过渡季节和夏季时期各测点的空气温度

3. 湿度环境

住区A空间中春季过渡季节时期和夏季各测点的平均湿度如图3-45所示。可以看出，春季过渡季节时期住区A空间中各个测点的相对湿度在18%～22%之间浮动，夏季时期相对湿度在45%～48%区间范围内，夏季湿度明显高于春季过渡季节时期，各测点的湿度较为接近，早晚湿度较高，中午湿度最低。

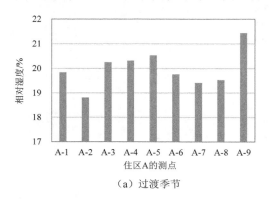
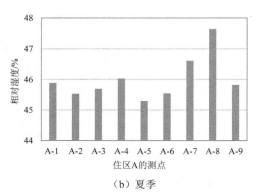

（a）过渡季节　　　　　　　　　　　（b）夏季

图3-45　住区A过渡季节和夏季时期各测点的相对湿度

4. 太阳辐射环境

图3-46显示了住区A空间中春季过渡季节时期和夏季各测点的太阳辐射强度累计值。可以看出，过渡季节时期各点的太阳辐射强度累计值较为接近，夏季时期各点的太阳辐射强度累计值差别较大。过渡季节时期测点A-7始终处于阳光下，因此太阳辐射强度相对夏季时期较高，因此过渡季节时期该点的利用率很高。由于植物的遮阴作用，夏季时期广场中全天均有遮阴空间，其中测点A-7处全天处于阴影区，因此夏季利用率也很高，而测点A-5则几乎全天处于阳光照射的条件下，因此夏季的太阳辐射累计值最高，测点A-2、测点A-5、测点A-8等处无遮阳设施，这些测点处夏季无人使用。

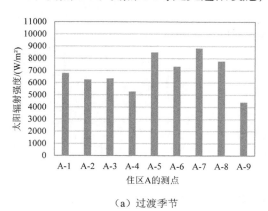
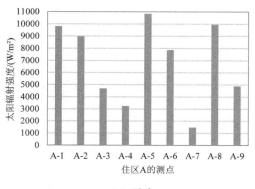

（a）过渡季节　　　　　　　　　　　（b）夏季

图3-46　住区A过渡季节和夏季时期各测点的太阳辐射强度累计值

3.4.2.2 住区B——红河新区小区微气候环境

红河新区小区位于哈尔滨市道外区宏伟路88号，小区为多层住区，容积率为2.1，绿化率为20%，该小区拥有一长方形中心绿地，面积约为4200m²，四面被建筑围合，宽高比约3：1，围合感较弱，中心空间布置有景观雕塑，平面对称，设施完备，中心空间主轴线上布置有半弧形凉亭，金属屋顶遮盖，凉亭中有座椅设施。

测试时间：2017年4月9日，天气晴，最高气温14℃，最低气温3℃，西南风3～4级。2017年6月27日，天气晴，最高气温33℃，最低气温22℃，西南风≤3级。

住区中心绿地的平面为对称形，为了充分覆盖整个场地，在场地中均匀布设9个测点，各个测点的位置如图3-47所示。实测结果的分析包括对春季过渡季节和夏季两个时期住区B空间中的风环境、温度环境、湿度环境和太阳辐射环境进行的分析。

图3-47 住区B的平面图

1.风环境

住区B空间中春季过渡季节和夏季各测点的最大风速值、最小风速值、日均风速值和第一、第三个四分位值如图3-48所示。过渡季节时期，测点B-5处的风速较大，场地西侧是由两个L形建筑围合形成的小区内部的一条辐街，形成了一条风廊，因此测点B-5、测点B-7两处的风速值较大，测点B-7位于凉亭处，凉亭为柱状结构，内部无法阻挡空气流通，因此难以削弱风速，测点B-1为场地的东侧入口，也分布在这条风廊上，但是由于植物的遮挡作用，该点处的风速与测点B-5、测点B-7相比较弱，这三处空间相对较为开敞，因此风速值较高，在春季过渡季节时期，现象较为明显，测点B-5处的瞬时风速高达

3.31m/s，该处几乎无人活动，而测点B-2、测点B-3和测点B-8、测点B-9被植物包围的空间，风速明显较弱，活动人数较为密集。夏季时期的风速分布也呈现由风廊处的各测点向其他测点风速减弱的趋势，但是风速值相比过渡季节时期偏低。

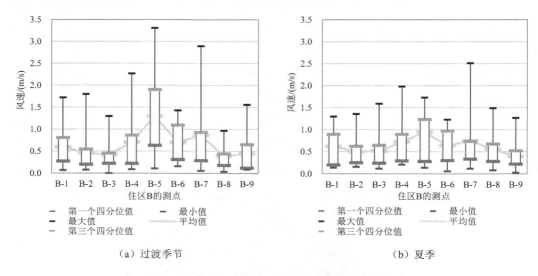

（a）过渡季节　　　　　　　　　　　　　　（b）夏季

图3-48　住区B过渡季节和夏季时期各测点的风速

2. 温度环境

住区B空间中春季过渡季节时期和夏季时期各测点的日平均温度和测量时间段内的温差见图3-49。过渡季节各测点的温差相对于夏季较大。过渡季节时期，测点B-6、测点B-7处的温度最低，这是因为测点B-6、测点B-7位于凉亭处，凉亭对阳光的遮挡作用，导致该处空气温度偏低；测点B-1、测点B-2和测点B-3处光照充足，无植物遮挡，因此温度偏高。夏季时期，测点B-5、测点B-6、测点B-7温度明显高于其他测点，原因是其长时间暴露在阳光下且距离绿化较远，夏季的植物蒸发散热作用明显；测点B-1、测点B-2、测点B-3、测点B-8和测点B-9有绿化包围，起到了较好的降温作用。

3. 湿度环境

图3-50中显示了住区B空间中春季过渡季节时期和夏季各测点的平均湿度，春季过渡季节时期住区B空间的相对湿度在18%～20%之间，夏季时期相对湿度在34%～37%之间。春季过渡季节时期各测点的湿度较为接近，没有明显差别，而夏季时期各点的湿度差别较大，这可能是温度和太阳辐射等综合作用对湿度变化产生影响的缘故，春季过渡时期温度和太阳辐射相对而言没有夏季高，因此作用效果不明显，而夏季时期水分蒸发散热则较快。夏季时期，测点B-5、测点B-6和测点B-7三处的湿度明显低于其他测点，测点B-6、测点B-7位于凉亭处，距离绿化有一定的距离，因此湿度较低，而测点B-5位于场地的西侧、风廊的入口处，风速较大，加速了空气流动蒸发散热，因此该处的湿度也较低。

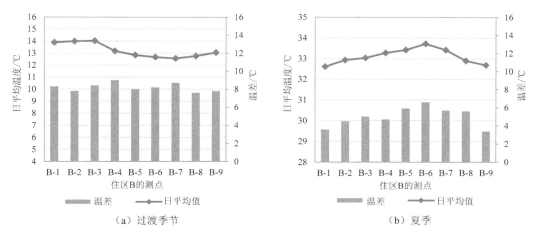

图3-49　住区B过渡季节和夏季时期各测点的空气温度

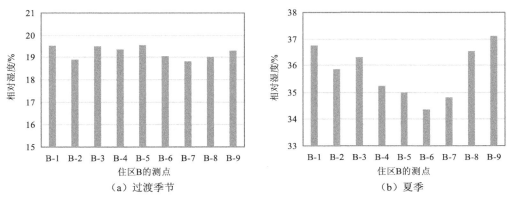

图3-50　住区B过渡季节和夏季时期各测点的相对湿度

4.太阳辐射环境

住区B空间中春季过渡季节时期和夏季各测点的太阳辐射强度累计值如图3-51所示。过渡季节时期在正午时间场地内均在阳光区内，而夏季时期，整个场地在全天范围内均有遮阳空间。过渡季节时期，测点B-2、测点B-3和测点B-5处的太阳辐射累计值最大，接受光照充足，因此测点B-2和测点B-3处汇集较多的使用者，而具有同样设施条件的测点B-8和测点B-9的太阳辐射累计值相对较低，因此无使用者光顾，测点B-6位于凉亭处，长时间处于阴影区，因此太阳辐射累计值最低。夏季时期，测点B-3、测点B-4和测点B-5附近无遮阳设施或植物等，这几处测点长时间暴露在阳光下，太阳辐射累计值明显高于其他测点，使用者很少在这些空间停留，相反，测点B-6和测点B-7由于有遮阳，使用者均集中在凉亭空间或明显的庇荫处。

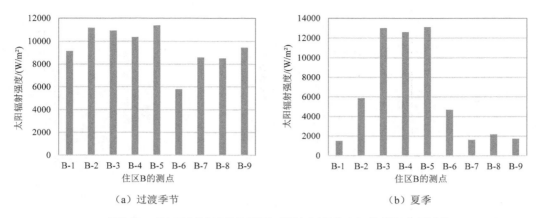

（a）过渡季节　　　　　　　　　　　（b）夏季

图3-51　住区B过渡季节和夏季时期各测点的太阳辐射强度累计值

3.4.2.3　住区C——嵩山小区微气候环境

嵩山小区位于哈尔滨市南岗区嵩山路167号，小区为多层住区，容积率为2.1，绿化率为27%，该小区拥有一中心绿地，面积约为3600m²，场地周围一面被建筑围合，另三面面对建筑山墙，建筑呈放射状布置，宽高比约3∶1，围合感较弱，中心空间布置有圆形凉亭，混凝土屋顶遮盖，凉亭中有座椅设施。

测试时间：2017年4月13日，天气晴，最高气温18℃，最低气温4℃，西南风3~4级。2017年6月28日，天气晴，最高气温32℃，最低气温25℃，西南风≤3级。

住区中心广场的平面接近对称形，在场地中大致均匀布设9个测点，各个测点的位置如图3-52所示。实测结果的分析包括对春季过渡季节和夏季两个时期住区C空间中的风环境、温度环境、湿度环境和太阳辐射环境进行的分析。

图3-52　住区C的平面图

1.风环境

住区C空间中春季过渡季节和夏季各测点的最大风速值、最小风速值、日均风速值和第一、第三个四分位值如图3-53。过渡季节时期,测点C-1、C-5处的风速较大,这两处是位于场地边缘的小广场,周围较少有植物等的遮挡;测点C-4处风速值最低,其位于场地中心广场的北侧,周围有植物遮挡,且该处设置有休闲设施,桌椅等,对风速有一定的减缓作用。夏季情况相似,测点C-1、C-5、C-9处的风速相对较大,测点C-9位于场地中心空间,相对开阔,其他测点如测点C-6、C-7、C-8位于各个方向的通道中,被植物包围,风速较低。

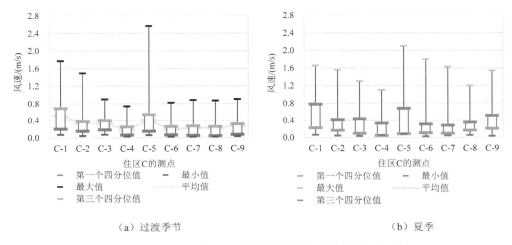

（a）过渡季节 （b）夏季

图3-53 住区C过渡季节和夏季时期各测点的风速

2.温度环境

图3-54显示了住区C空间中春季过渡季节时期和夏季时期各测点的日平均温度和测量时间段内的温差。过渡季节各测点的温差相对于夏季略大。过渡季节时期,测点C-1、C-4处的温度最高,测点C-1位于场地边缘,日照较为充足,测点C-4也位于中心广场的北侧,太阳辐射强度高,因此温度高,该点汇聚较多的使用者,测点C-2、C-5处温度也较高,这些区域无植物遮挡,光照充足。夏季时期,测点C-1、C-4的温度明显高于其他测点,测点C-2、C-6、C-7、C-8、C-9处的温度均较低,这些测点均处于植物的阴影区内。

3.湿度环境

住区C空间中春季过渡季节时期和夏季各测点的平均湿度如图3-55所示,春季过渡季节时期和夏季时期各测点的湿度相差较大,测点C-6、C-7、C-8处的湿度明显高于其他测点,这些测点距离绿化较近或被植物包围,过渡季节时期土壤中存储的水分导致这些区域湿度升高;测点C-1、C-2、C-3、C-4、C-5几处的湿度较低,测点C-1、C-5是场地边缘

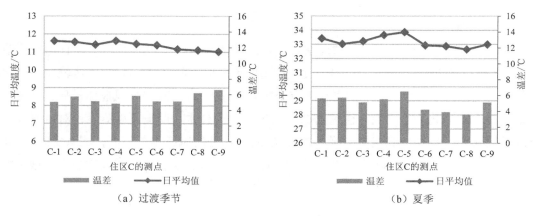

图3-54　住区C过渡季节和夏季时期各测点的空气温度

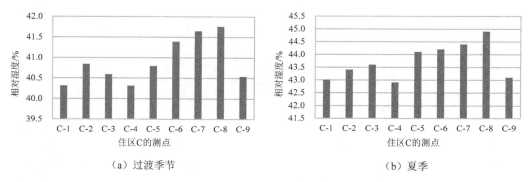

图3-55　住区C过渡季节和夏季时期各测点的相对湿度

的小广场，下垫面为混凝土铺装，测点C-2、C-3、C-4、C-9位于中心广场处，距离绿化相对较远，因此湿度较低。

4. 太阳辐射环境

　　住区C空间中春季过渡季节时期和夏季各测点的太阳辐射强度累计值如图3-56所示。过渡季节时期，测点C-1、C-2、C-3、C-4、C-5处的太阳辐射累计值较高，这几处无植物遮挡，测点C-4处的太阳辐射累计值最高，该时期测点C-4最受欢迎，测点C-6、测点C-7和测点C-8处有植物遮挡，因此太阳辐射累计值较低，测点C-9处有遮阳凉亭，因此太阳辐射累计值相对也较低。夏季时期，测点C-2、测点C-3和测点C-4无遮挡，长时间受太阳照射，测点C-1、测点C-5、测点C-6、测点C-7、测点C-8和测点C-9处均有较长时间处于阴影中，除测点C-9是凉亭的遮挡外，其他测点处均是植物形成的阴影，这几处在夏天比较受欢迎。

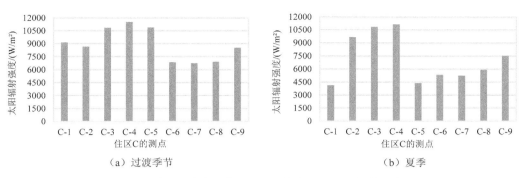

图3-56　住区C过渡季节和夏季时期各测点的总辐射强度累计值

3.5　本章小结

　　本章介绍了哈尔滨的气候概况；介绍了具体的调研方案的设计，包括研究假设的拟定和问卷的设计、具体调研时间和调研地点的确定，以及对实地调研具体方法的介绍；总结了住区典型空间的空间特征，并通过对住区典型空间的微气候环境的实测分析，初步分析出影响微气候环境的空间因素，通过对使用者使用状况的分析，了解使用者的基本信息、活动人群的比例、性别的构成、来源的构成等相关信息，统计分析活动类型、活动与时间以及空间的关系，热环境心理和使用者的基本行为活动特征；对住区广场微气候进行了实测分析，包括对住区公共空间测试点确定的阐释，每个住区公共空间的温度、湿度、风速数值变化情况的统计分析；对调研样本特征进行了总结，为后续的分析提供支撑。

第4章　使用者行为活动与热舒适度分析

4.1　气候舒适度评价模型构建

4.1.1　多指标综合构建的热舒适度模型

通过对各个住区中使用者活动数量和住区微气候的测试对比发现，气候因素对人群活动有影响，二者存在一定关联性，但是从单一气候因素如温度、湿度、风速的影响做关联分析的过程较为庞杂，难以说明问题。将各个气候因素通过微气候舒适度模型转化为气候舒适度指数，可以更直观和准确地反映气候状况的适宜情况、分析气候情况对人群活动的影响。

气候舒适度有较多的影响因素，比如气候因素中的温度、湿度、风速、光照，以及人体自身的活动程度、衣着量、心理状况、寒冷适应情况等都会影响人在户外环境中的舒适感受。国内外学者通过长期的研究，对气候舒适度有较多的评价方法，如WBGT指数、Terjung舒适指数、TS指数、K_{SSD}指数、Comfa指数、温湿指数(temperature and humidity index, THI)、风寒指数(wind cold index, WCI)、着衣指数(index of cloth loading, ICL)、人体舒适度指数(human comfort index, HCI)等。这些气候舒适度评价指数从不同角度对气候舒适度建立了量化的评价标准。

本研究选取温湿指数、风寒指数、着衣指数、人体舒适度指数建立综合舒适度指数(comprehensive comfort index, CCI)，对住区广场的气候舒适度进行量化分析。

1.温湿指数

主要考虑空气中的湿度和温度对舒适度的影响，温湿指数的计算公式如下：

$$X_{THI} = (1.8t+32) - 0.55(1-f)(1.8t-26) \tag{4-1}$$

其中，X_{THI}为温湿指数；t为空气温度（℃）；f为空气相对湿度（%）。计算得到的温湿指数可替换为对应的等级（表4-1），以便进行综合舒适度的计算。

表4-1 温湿指数指标

温湿指数数值范围	舒适度感受	等级
<40	极其寒冷，很不舒服	a
40 ~ 45	寒冷，不舒服	b
45 ~ 55	较冷，较不舒服	c
55 ~ 60	冷，舒适	d
60 ~ 65	凉爽，很舒服	e
65 ~ 70	暖和，舒服	f
70 ~ 75	较热，较不舒服	g
75 ~ 80	闷热，不舒服	h
≥80	极其闷热，很不舒服	i

2.风寒指数

主要考虑空气的温度和风速情况对舒适度的影响，风寒指数的计算公式如下：

$$X_{\mathrm{WCI}} = (33-t)(9+10.9V-V^2) \qquad (4-2)$$

其中，X_{WCI}为风寒指数；t为空气温度（℃）；V为风速（m/s）。计算得到的风寒指数可替换为对应的等级（表4-2），以便进行综合舒适度的计算。

表4-2 风寒指数指标

风寒指数数值范围	舒适度感受	等级
≥1000	极其寒冷，很不舒服	a
1000 ~ 800	寒冷，不舒服	b
800 ~ 600	较冷，较不舒服	c
600 ~ 300	冷，舒适	d
300 ~ 200	凉爽，很舒服	e
200 ~ 50	暖和，舒服	f
−80 ~ 50	较热，较不舒服	g
−160 ~ −80	闷热，不舒服	h
<−160	极其闷热，很不舒服	i

3.着衣指数

考虑人体生理情况对舒适度的影响，包括人体代谢率、人体对太阳辐射的吸收情况，以及环境中的空气温度、太阳常数、太阳高度角，着衣指数的计算公式如下：

$$X_{\mathrm{ICL}} = \frac{33-t}{0.155H} - \frac{H+aR\cos\alpha}{(0.62+19\sqrt{V})H} \qquad (4-3)$$

其中，X_{ICL}为着衣服指数；t为空气温度（℃）；V为风速（m/s）；H为人体的代谢率（W/m²），非激烈的活动情况下的代谢率为87W/m²；a为人对太阳辐射吸收的情况，一般情况下，在冬季、过渡季节中，人们穿的衣服以深色为主，a取黑色衣服情况下的值，即最大值0.06；R是垂直于阳光的单位面积土地上接受的太阳辐射（W/m²），即在日地平均距离上大气顶界垂直于太阳光线的单位面积每秒接受的太阳辐射，一般取卫星测得的1366W/m²；α是太阳高度角，根据季节计算，如果某地的纬度为β，在春秋季节的太阳高度角$\alpha=90°-\beta$。计算得到的着衣指数可替换为对应的等级（表4-3），以便进行综合舒适度的计算。

表4-3　着衣指数指标

着衣指数数值范围	穿衣指示	等级
≥2.5	厚毛衣及羽绒服	a
1.8~2.5	厚毛衣及棉衣	b
1.5~1.8	毛衣及外套	c
1.3~1.5	毛衣及薄外套	d
0.7~1.3	衬衣及便服	e
0.5~0.7	长袖衬衣	f
0.3~0.5	短袖衬衣	g
0.1~0.3	短袖夏装	h
<0.1	短袖短裤	i

4.人体舒适度指数

考虑人体情况，该舒适度指数计算公式如下：

$$X_{HCI} = 1.8t+32-(1-f)(1.8t-26) \tag{4-4}$$

其中，X_{HCI}为人体舒适度指数；t为空气温度（℃）；f为相对湿度（%）。计算得到的人体舒适度指数可替换为对应的等级（表4-4），以便进行综合舒适度的计算。

表4-4　人体舒适度指数

人体舒适度指数数值范围	舒适度感受	等级
<25	寒冷，极不舒服	a
25~40	很冷，很不舒服	b
40~50	冷，不舒服	c
50~60	较冷，较舒服	d
60~70	最舒服	e
70~79	较暖，较舒服	f
79~85	较热，不舒服	g
85~90	热，很不舒服	h
≥90	酷热，极不舒服	i

利用已有研究结论，对各项指数进行分级和赋值运算，并且采用模糊层次分析方式（FAHP）对以上四个舒适度指数进行综合，赋予权重系数，得出综合舒适度指数模型，各等级赋值如表4-5所示。

表4-5　综合舒适度指标等级

等级	a	b	c	d	e	f	g	h	i
赋值	1	3	5	7	9	7	5	3	1

综合舒适度计算模型如下所示：

$$C_{CCI}= 0.29X_{HCI} +0.21X_{WCI} +0.15X_{ICL} +0.35X_{THI} \qquad (4-5)$$

将各指数计算的值换算成等级，再对等级进行赋值，通过式（4-5）得出综合舒适度的值，进而得出综合舒适度等级，如表4-6所示。

表4-6　综合舒适度指数指标

综合舒适度数值范围	舒适度感受
$1 \leqslant C_{CCI} \leqslant 3$	不舒适
$3 < C_{CCI} \leqslant 5$	较不舒适
$5 < C_{CCI} \leqslant 6$	较适
$6 < C_{CCI} \leqslant 9$	舒适

通过以上过程，可以建立综合舒适度计算模型，综合评价住区广场的气候舒适度情况。

4.1.2　Givoni热舒适度模型

综合以上分析，本研究采用Givoni的TS指标法来研究户外热舒适度。TS指标法是Givoni通过多年对不同国家、不同季节的多次实测分析提出的，是一种较为综合的评价指标，通过对研究对象所处环境的温度、太阳辐射、瞬时风速等气候因子进行大量的测量，计算户外热舒适度，在一定程度上排除了研究对象使用者的主观评价。

Givoni提出的TS指标法的回归方程为

$$TS= 1.2+0.1115TA+0.0019SR-0.3185WS \qquad (4-6)$$

其中，TS为户外热舒适度；TA为空气温度（℃）；SR为太阳辐射（W/m²）；WS为瞬时风速（m/s）。

本研究利用TS指标法计算户外热舒适度的变化，对微气候环境改善幅度进行量化分析，微气候环境改善幅度表现为户外热舒适度的提升。

4.2　环境行为与微气候舒适度相关性分析

为研究使用者行为与微气候之间的关系，本研究进行了适应性行为观察（包括出席人数、使用者位置选择与移动、使用者在阴影区与阳光区的活动情况和其他微观行为），结合微气候环境实测进行微气候环境与使用者行为的相关性分析。

4.2.1　微气候与出席行为相关性分析

4.2.1.1　微气候要素与使用者活动相关性

在确定住区广场舒适度与人群活动存在较强相关性后，对微气候因素中的温度、湿度、风速与使用者人数的相关性进行分析。

1.温度与使用者活动相关性

对住区广场的温度变化与使用者人数变化进行相关性分析，Pearson相关性系数和显著性如表4-7所示。由相关性分析得出，除了中北春城外，大部分住区广场上的温度变化和使用者数量变化的Pearson相关性系数都较高、显著性都较低。由此可见，广场上温度的变化情况与使用者数量变化情况相关性较大。中北春城出现相关性较低的原因为，调研时间段内中北春城住区广场的整体温度变化不大，而使用者数量在不同的时间有变化的，如午饭时间段内人数减少，因此分析的结果得出相关性系数值较低。

表4-7　住区广场温度与使用者人数相关性分析

住区广场	Pearson相关性系数	显著性（双侧）
福乐湾	0.497	0.011
保障华庭	0.720	0.000
滨江新城	0.589	0.002
沙曼小区	0.382	0.045
中北春城	0.046	0.826
世纪花园	0.447	0.030
平均值（修正）	0.527	0.018

2.湿度与使用者活动相关性

对住区广场的湿度变化与使用者人数变化进行相关性分析，Pearson相关性系数和显著性如表4-8所示。

表4-8　住区广场湿度与使用者人数相关性分析

住区广场	Pearson相关性系数	显著性（双侧）
福乐湾	−0.672	0.000
保障华庭	−0.564	0.003
滨江新城	−0.374	0.065
沙曼小区	−0.339	0.077
中北春城	−0.068	0.745
世纪花园	−0.486	0.014
平均值	−0.417	0.150

　　广场湿度的变化情况和广场上使用者数量的变化的相关性系数为负值，说明住区广场的湿度与人数存在负相关，湿度越大，人数越少。由相关性来看，中北春城的相关性低于其他住区，但是湿度与人数的相关性弱于温度与人数的相关性。

3.风速与使用者活动相关性

　　对住区广场的风速变化与使用者数量变化进行相关性分析，Pearson相关性系数和显著性如表4-9所示。

表4-9　住区广场风速与使用者人数相关性分析

住区广场	Pearson相关性系数	显著性（双侧）
福乐湾	0.038	0.858
保障华庭	0.253	0.221
滨江新城	−0.399	0.048
沙曼小区	0.383	0.044
中北春城	0.156	0.457
世纪花园	0.152	0.468
平均值（修正）	0.097	0.349

　　从住区广场上风速的变化情况与广场上使用者数量的变化情况来看，二者相关性相对较低。滨江新城的相关性为负值，说明风速与人数存在负相关，即风速越大，使用者越少。其他住区相关性系数虽然为正，但是相关性系数值较低。

　　当风速小于一定值时，风速的变化虽然影响感受，但是不会严重影响广场上人群的活动，当风速高于一定范围时，就会严重影响活动人数。如中北春城住区广场处于高层住区内，该住区广场风速较大，普遍高于其他住区，风速影响了住区广场的使用感受。

　　通过对微气候因素与使用者数量的关联分析可知，温度与人数的相关性系数最大，温度对人群活动的影响最大。

4.2.1.2　微气候舒适度与使用者活动的回归分析

　　为探究热舒适性、微气候条件与出席人数的关系，计算PET并统计出席人数，得出二者之间的关系如图4-1所示。根据回归线可以看出，春季过渡季节时期出席人数与PET具有显著相关性，$R^2=0.6024$，而夏季时期二者相关性较弱，表明过渡季节时期出席行为受微气候环境的影响较大，而夏季时期所受影响较小。

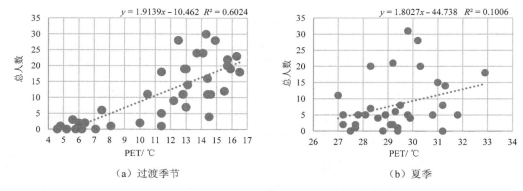

（a）过渡季节　　　　　　　　　　　（b）夏季

图4-1　过渡季节和夏季时期总人数与PET的关系

　　在分析出席人数与PET的相关性的基础上，进一步探究各微气候参数与出席人数之间的关系，如图4-2所示为春季过渡季节时期的情况。

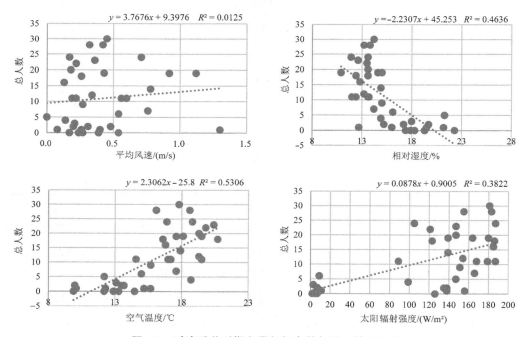

图4-2　过渡季节时期各微气候参数与总人数的关系

　　出席人数与风速的相关性较低，说明风速的变化对出席人数影响不显著。风速具有明显的瞬时性，在风速平均值小于1.5m/s且波动性较大的情况下，它对出席人数的影响很小。温度条件对出席人数的影响较为显著，二者呈正相关关系，总人数随温度升高而增加，相关系数为R^2=0.5306，空气温度在10～20.5℃范围内时，温度对出席人数的影响较大，气温约为16℃时，人数明显增多。湿度条件对出席人数的影响也较为显著，二者呈现负相关关系，相关系数为R^2=0.4636，这与之前的使用者热期望不同，使用者期望环境湿度增加，但是当湿度条件增加时使用者人数却又呈现削减的趋势。出现这一现象的主要原因是，在过渡季节，早晚温差大，当湿度条件变大时，温度等其他环境条件不利，所以人数下降。太阳辐射条件与出席人数总体上呈现出正相关关系（在这里先不区分阴影区和阳光区的差异），太阳辐射强度在0～900W/m²的范围内时，人数随太阳辐射强度的增加而增多，其相关系数为R^2=0.3822，影响较为显著。

　　夏季时期PET与出席行为的相关性较低，各微气候指标与出席行为的关系如图4-3所示。出席人数的变化与风速的相关性较低，相关系数为R^2=0.0038，说明风速的变化对出席人数的影响不显著。风速具有明显的瞬时性，在风速平均值小于2.5m/s且波动性较大的情况下，它对使用者的出席人数的影响很小。温度条件对出席人数的影响较弱，二者呈负相关关系，总人数随温度升高而减少，相关系数为R^2=0.0021，空气温度在31～37℃范围内时，温度对出席人数的影响较小。湿度条件对出席人数的影响也较小，二者呈现负相关关系，相关系数为R^2=0.0173，相对湿度在30%～45%范围内时，湿度对出席行为几乎无太大影响。太阳辐射条件与出席人数总体上呈现出负相关关系（在这里先不区分阴影区和阳光区的差异），太阳辐射强度在0～1000W/m²范围内时，人数随太阳辐射强度的增加而减少，其相关系数为R^2=0.0052，太阳辐射强度低于200W/m²时使用者人数较多，超过600W/m²时出席人数大量减少、使用者数量接近于零，可见阳光下与阴影区中使用者的数量差别极为明显。

　　利用相关性分析得出微气候舒适度与活动人群数量存在相关性，并且得到相关性系数，证明在过渡季节中人群活动受微气候条件的影响。为继续分析二者之间的因果关系，确立具体的数值关系，利用SPSS软件进行回归分析，确定微气候舒适度对住区广场人群活动数量的作用程度。

　　利用回归分析，构建活动人数与微气候舒适度之间关系的回归方程，根据数值自身的特征，计算出适合数值特征的一元线性回归方程或二元线性回归方程。通过方程数值模型，可以利用住区广场舒适度计算出住区广场上的活动人数。

　　根据回归分析可以确定，舒适度的改变会明显改变住区广场上活动者的数量（图4-4）。根据计算模型，福乐湾住区广场的舒适度高于3.99，才会出现活动者。保障华庭的模型中，舒适度值在0～3.7之间升高时，人数反而是下降的，舒适度值在3.7之后继续升高时，人数开始增加。根据数据样本推算可以得出，在一定情况下舒适度的改变不是

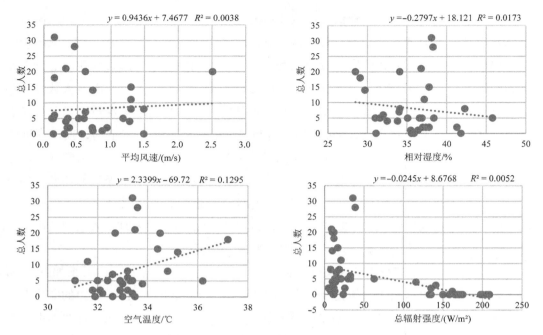

图4-3　夏季时期各微气候参数与总人数的关系

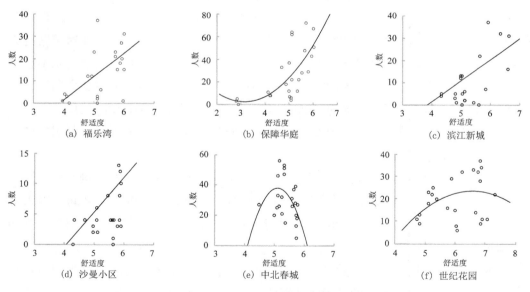

图4-4　住区广场舒适度与活动人数回归分析

影响使用者活动与否的唯一因素。滨江新城模型中，舒适度值在4.5达到之后，广场上活动人数开始增加，随着舒适度的增加，人数增加。沙曼小区模型中，舒适度值在达到3.8之后，人数随着舒适度增加而增加。中北春城模型中，舒适度值只有在3.6 ~ 6.2之间时，才有活动人群，世纪花园模型中，舒适度值在4.4 ~ 8.1之间时，有活动人群。以上两个住区模型中的舒适度值在其他区段内都不会有活动人群，这反映了微气候舒适度不是人群进行活动的唯一影响因素。能够反映此状况的现象还包括：微气候最舒适的时间段一般出现在午饭、午休时间段，而这一时间段内住区广场上很少有活动者。

整体来看，在以3月为代表的过渡季节中，9:00至11:00时间段内住区广场上的活动人数较多（图4-5）。

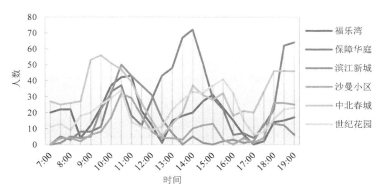

图4-5　调研住区活动人数变化

早上和晚上有会固定的广场舞活动人群。通过问卷和访谈，了解到此部分活动人群选择在固定的时间段内进行活动是为了避免影响其他活动群体，且认为早晚活动有益于身体健康。此活动群体在气候改变时，人数的变化不大。其他时间段的使用者选择活动时间段的原因是多样的，大部分是凭借对天气状况的判断，选择广场上微气候环境较舒适的时间段进行活动。如果广场上的微气候环境恶劣，使用者往往会终止在广场上的活动。结合调研，可进行预判：活动人群较多的时间段往往是广场微气候环境较舒适的时间段。

4.2.2　舒适度与环境行为相关性分析

通过之前的分析了解到，人群行为活动与微气候舒适度有很大的关联。对住区广场各个测试点的舒适度进行计算，用舒适度均值代表住区广场的整体气候舒适状况，其中剔除对微气候变化感受极低的广场舞活动人群，统计时间段内住区广场的舒适度的数据，以及老年人群随时间的变化情况。通过对两组数据进行关联分析，分析舒适度状况与行为活动的关联性，确定微气候对人群活动具有影响（表4-10）。

表4-10　住区广场活动人数与综合舒适度随时间变化对比

住区	时间	7:00	7:30	8:00	8:30	9:00	9:30	10:00	10:30	11:00	11:30	12:00	12:30	13:00
福乐湾	人数	0	1	3	4	12	23	37	42	43	21	12	1	15
	舒适度	4.19	3.96	4.11	4.04	4.80	5.01	5.12	5.65	5.40	5.71	4.93	5.97	6.00
保障华庭	人数	0	5	3	8	8	11	33	37	18	12	28	43	48
	舒适度	2.90	2.85	2.81	4.24	4.21	4.13	4.70	5.01	4.88	5.35	5.54	5.94	5.65

续表

住区	时间	7:00	7:30	8:00	8:30	9:00	9:30	10:00	10:30	11:00	11:30	12:00	12:30	13:00
滨江新城	人数	0	1	5	4	5	22	32	50	43	37	31	16	7
	舒适度	2.86	2.77	4.33	4.32	4.80	5.64	6.34	5.97	5.87	5.92	6.63	6.60	5.84
沙曼小区	人数	0	4	4	2	6	8	17	32	29	18	8	4	4
	舒适度	4.30	4.34	4.69	5.12	5.09	5.46	5.86	5.56	5.50	5.92	5.85	5.85	5.66
中北春城	人数	27	25	26	27	53	56	51	47	39	26	15	5	13
	舒适度	4.48	5.09	5.16	5.78	5.33	5.17	5.33	5.33	5.71	5.60	5.37	5.74	5.73
世纪花园	人数	11	13	9	18	20	25	29	34	14	11	9	11	22
	舒适度	4.74	4.83	4.83	5.12	5.39	5.27	5.88	6.87	6.68	6.90	6.85	7.07	7.32

住区	时间	13:30	14:00	14:30	15:00	15:30	16:00	16:30	17:00	17:30	18:00	18:30	19:00
福乐湾	人数	18	20	27	31	23	15	6	0	2	3	2	0
	舒适度	5.87	5.93	5.91	6.00	5.71	5.78	5.23	5.12	5.12	5.12	5.12	5.12
保障华庭	人数	67	72	51	29	22	6	7	4	12	22	36	29
	舒适度	6.01	5.70	6.03	5.80	5.41	5.09	5.03	5.09	5.00	5.12	5.12	5.12
滨江新城	人数	0	5	1	0	2	3	1	2	13	13	12	6
	舒适度	5.03	5.04	5.43	5.61	5.13	4.79	4.84	5.12	4.98	5.03	4.98	5.12
沙曼小区	人数	3	10	12	13	3	0	4	1	4	4	3	2
	舒适度	5.90	5.90	5.87	5.82	5.78	5.64	5.61	5.64	5.55	5.09	4.97	4.97
中北春城	人数	20	37	31	28	32	18	21	20	33	46	21	16
	舒适度	5.73	5.65	5.59	5.70	5.25	5.76	5.26	5.00	5.12	5.12	5.12	5.12
世纪花园	人数	28	33	32	37	41	32	15	6	8	3	4	4
	舒适度	6.83	6.60	6.23	6.83	6.64	6.76	6.00	6.07	6.04	5.75	5.24	5.12

通过调研了解到，对于使用者来说，气候状况是其在过渡季节中进行户外活动的首要考虑因素，尤其在气候并不特别适合户外活动的季节中，气候因素对活动的影响更大。通过调研也发现，天气状况变差，舒适度下降时，住区广场上活动人数也会出现下降。

不同的气候因素对人群活动的影响程度是不相同的，通过对微气候舒适度、温度、湿度、风速与活动人数进行相关性分析，分析气候舒适度与活动的相关程度，以及各个气候要素与活动的相关性，得出不同气候因素对人群活动的影响程度，以在住区广场的规划设计中予以着重考虑。

根据数理关系，选择统计分析方式中相关性分析方式进行分析，得出相关性系数，确定舒适度对使用者活动的影响程度，并确定温度、湿度、风速对人群活动影响的程度差别。相关性分析是对多个有相关性的变量因素进行分析，得到这些变量因素的密切相关程度。这些因素之间要有一定的联系才可以进行相关性分析。利用SPSS软件进行相关性分析，对"人数"和"舒适度"数据进行相关性分析之前，对这两组数据进行描述性统计（表4-11）。

表4-11　住区广场舒适度和活动人数描述性统计

住区广场	数据类型	均值	标准差	N
福乐湾	人数	14.44	13.693	25
	舒适度	5.24	0.640	25
保障华庭	人数	24.44	20.081	25
	舒适度	4.91	0.932	25
滨江新城	人数	12.44	14.793	25
	舒适度	5.16	0.940	25
沙曼小区	人数	7.46	7.956	28
	舒适度	5.34	0.553	28
中北春城	人数	29.32	13.297	25
	舒适度	5.37	0.322	25
世纪花园	人数	18.76	11.652	25
	舒适度	6.07	0.809	25

因为这两组数据均为连续性变量，所以选择Pearson系数作为相关性系数对相关程度进行分析，分析结果如表4-12所示。

表4-12　住区广场舒适度与活动人数相关性分析

住区广场	Pearson相关性系数	显著性（双侧）
福乐湾	0.494	0.012
保障华庭	0.690	0.000
滨江新城	0.602	0.001
沙曼小区	0.341	0.076
中北春城	0.180	0.389
世纪花园	0.434	0.030
平均值（修正）	0.512	0.024

由相关性系数分析得出每个住区广场的舒适度变化情况和住区广场上活动人数的相关性。通常情况下，相关性系数越接近1，相关性越大，0.8～1属于极强相关，0.6～0.8为强相关，0.4～0.6为中等程度相关，0.2～0.4为弱相关，0～0.2为极弱相关或无相关性。显著性方面，当其值小于0.05，代表95%以上数据都符合这个模型结果。

根据相关性分析，统计住区的Pearson相关性系数均在0.1以上，存在相关性，但是不同住区的相关程度不尽相同。在显著性方面，除了中北春城、沙曼小区高于0.05，其他值均小于0.05，其中沙曼小区的显著性为0.076，中北春城的显著性为0.389。

根据分析结果可以确定，在过渡季节中，住区广场的舒适度与使用者在住区广场上的活动数量存在较强相关性，由此可见，舒适度的变化情况对活动人群的影响较大，广场舒适度较高的时候广场的活动人数增加，舒适度降低的时候，广场上活动人数减少，广场的微气候舒适度是使用者进行活动的重要影响因素。中北春城的相关性较低，根据问卷访谈发现，该住区存在固定的人群活动团体，并且活动时间相对固定，而测试当天住区广场整体的舒适度变化不大，因此计算出的相关性并不高，但是这并不代表舒适度的变化不会影响使用者的感受。由此来看，为促进使用者进行户外活动，在住区广场的设计中应重点考虑微气候环境的营造，在过渡季节中，提升住区广场的微气候舒适度。

4.3　基于微气候与环境行为的公共空间对比分析

4.3.1　住区广场区块划分原则

住区广场是住区内部相对独立的区域，广场的内部可以划分出不同的功能空间，不同的空间中所承载的活动类型不同，微气候特质也不相同。为方便广场空间的对比分析，本研究根据广场功能、微气候特质将广场空间划分为不同的"区块"。住区广场区块的划分原则如下：

（1）住区广场的不同功能活动区域首先要划分成不同的区块。

（2）同一活动区域内，如果有由墙体、构筑物、植物或者外部环境明显改变等情况造成的明显的微气候变化，要将该活动区域划分成不同的区块。

（3）同一活动区域如果面积较大，为避免用于分析研究的基础条件出现较大差别，即使无法确定同一区域的微气候气候存在变化，也要将同一活动区域划分成不同的区块。

在不同的区块内设置微气候测试点，该测试点测得的微气候数据可近似代表该区块的微气候环境，用于后续的分析。

人群在广场中的分布是不均匀的，在某些固定的区块内人群较集中，某些区块则"人迹罕至"。根据调研获得的初步认知来看，老年人喜欢在微气候舒适度较高、有健身设施、有休息座椅以及有依靠的、围合感较强的区块内进行活动。初步判断，住区广场的某一区块同时具备的积极条件越多，如微气候舒适度高又具备健身设施等，则该区块聚集的人越多，反之亦然。

后续研究需要按照老年人群出现频率对区块进行划分，为表示老年人在某一个区块活动的频率高低，根据调研获得的情况设定不同层次的频率等级。

根据对老年活动人群在广场上不同活动区块的人数进行统计分析，发现住区广场上老年人群聚集的区块有较明显的四个层次，按照人数多少，将不同的区块按照活动频率从高到低依次作为A、B、C、D四个类型，人数占被统计老年人总数的比例依次为10.0%以上、6.0%~10.0%、2%~5.9%、0~1.9%，具体情况如表4-13所示。

表4-13　区块频率类型划分

类型	A类区块	B类区块	C类区块	D类区块
区域特征	极高频区	高频区	中频区	低频区
人数占比	10.0%以上	6.0%~10.0%	2.0%~5.9%	0~1.9%

4.3.2　住区广场区块使用频率统计分析

4.3.2.1　过渡季节使用频率统计分析

根据对区块划分的原则，将本文研究的六个住区进行区块细分，具体的情况如图4-6~图4-11所示。

按照频率划分原则对住区广场的区块进行频率标注，老年人群总数为第3章调研中被记录的老年人群数量，区块的使用频率分类情况如表4-14所示。

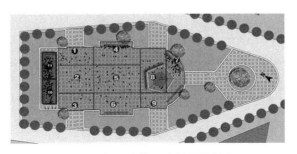

图4-6　福乐湾住区广场区块划分

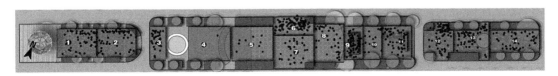

图4-7　保障华庭住区广场区块划分

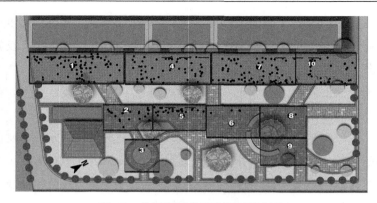

图4-8　滨江新城住区广场区块划分

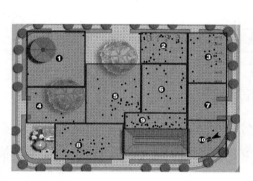

图4-9　沙曼小区广场区块划分

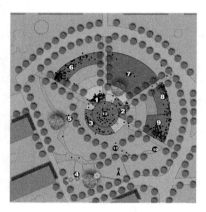

图4-10　世纪花园住区广场区块划分

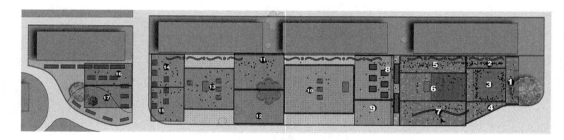

图4-11　中北春城住区广场区块划分

表4-14　住区广场不同区块使用频率类型划分

住区广场	A类区块	B类区块	C类区块	D类区块
福乐湾	7、10、11	4、5	1、2、6、8	3、9
保障华庭	6、9、12	1、2、11、13	3、7、8、14	4、5、10
滨江新城	1、4、7	2、5、10	—	3、6、8、9
沙曼小区	2、5、8、9	3、6	4	1、7、10

续表

住区广场	A类区块	B类区块	C类区块	D类区块
中北春城	2、3、5	11、13	4、6、7、8、14、15	1、9、10、12、16、17
世纪花园	1、6、8、9	3、12	2	4、5、7、10、11

从统计结果来看，影响老年人群分布在不同区块的原因是多样的，从功能角度来看是以下情况：

（1）人群活动分布较集中的A类区块和B类区块为住区广场上有座椅的休息区域、带座椅的凉亭区域、有健身设施的区域、乒乓球活动区域、广场的中心活动区域、部分广场边缘活动区域。

（2）人群活动分布较少的C类区块为住区广场的边缘活动区域、专供儿童活动的场地、部分住区广场的中心活动区域、球类运动场地。

（3）人群活动分布极少的D类区块为住区广场的边缘活动区域、部分凉亭区域、部分乒乓球活动区域、绿化区域的散步道。

从区块的功能角度来看，使用者喜欢在舒适度较好、具有休息座椅的区域进行活动，比如长条座椅或者凉亭下的木质座椅区域一般能聚集较多的老年人。从老年人的生理角度来看，很多老年人因为身体原因无法进行激烈的活动，短暂的活动后就需要休息；从老年人心理的角度来看，老年人希望进行群体活动，也希望可以和同龄人进行交流，有休息座椅的区域可以让老年人之间进行交流。这一区域容易聚集老年群体，群体一旦形成，就更能吸引老年人前往该区域进行活动。

健身设施的区域也是出现老年人使用频率较高的区块，使用健身器械是老年人在住区广场中最主要的活动，因此该区块聚集较多活动的老年人。此外，部分广场的中央活动区因为光照较其他区域更充足，舒适度较好，也是老年人出现频率较高的区块。这几类区域聚集较多的老年人进行活动，但是即使是同一个住区，同一功能的不同区块聚集的老年人数量也存在差别，比如福乐湾的区块6与区块4、7、10、11均为有座椅的休息区域，但区块6为D类区块，这体现了微气候环境对老年活动人群分布的影响。保障华庭的区块4、5与区块7均为活动区域，均没有健身设施及座椅，但是老年人数差别较大，也体现了微气候环境对老年人群分布的影响。A类区块往往是功能和微气候环境都较适合老年人的区域。

广场的边缘活动区域以及儿童专属的活动场地也有老年人进行活动，部分中心活动区域因为微气候环境较差，老年人活动人数较少，比如保障华庭中的区块7、8。D类区块的功能往往是广场的边缘活动区域，微气候环境较差、舒适度不高，也没有活动设施，因此老年人极少，甚至没有老年人进行活动。

4.3.2.2　春季与夏季对比分析

根据三个住区中心公共空间的使用率的分析,探究空间中存在的微气候环境的相关问题,对不同季节的空间使用情况进行分析,针对不同季节给出相应的策略,并综合过渡季节时期和夏季时期的使用情况,给出空间的改善意见,协调不同季节的使用需求,以提高空间的利用效率。

1.住区A空间热舒适性提升策略

如图4-12所示为住区A的测点分布、过渡季节时期和夏季时期的空间利用情况。将场地用等面积的正方格分为若干部分,色块的颜色由浅到深分别表示使用率由低到高。

从春季过渡季节时期场地的使用情况可以看出,测点A-7处的空间利用率最高,该处过渡季节时期累计辐射强度最大,日照时间最长,空气温度最高,而且其周围布置木质、皮质等储热性能良好的设施,因此舒适度较高;测点A-1、测点A-2、测点A-3、测点A-6和测点A-8的使用率次之;测点A-1、测点A-3两处下垫面为细沙,储热性能良好,温度较其他测点偏高,因此利用率较高;测点A-4、测点A-5、测点A-6和测点A-9

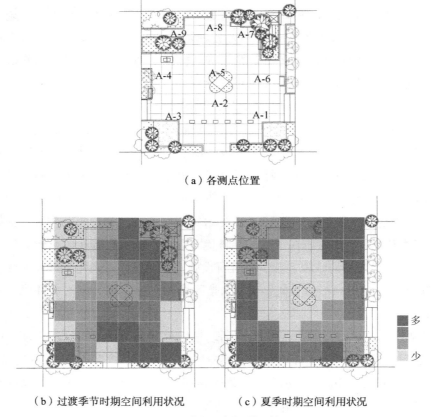

（a）各测点位置

（b）过渡季节时期空间利用状况　　　　（c）夏季时期空间利用状况

图4-12　住区A空间利用情况

的使用率最低，测点A-4的太阳辐射累计值最低，光照不充足是导致其使用率低的主要因素，测点A-6处位于风口，风速较大，测点A-9处的相对湿度最大，在同样的温度环境下，较高的湿度会给人偏低的温度感受，因此使用者较少。根据以上分析，测点A-4、测点A-5、测点A-6和测点A-9这几处空间是住区A空间中过渡季节时期微气候环境需改善的地方。

从夏季时期场地的使用情况可以看出，场地周边的使用率很高，测点A-3、测点A-4和测点A-7的使用率较高，这些区域均位于阴影下，其中测点A-7的使用率最高，该测点处植物较多，且有遮阳廊亭，夏季时期形成不同层次的遮阴效果，空间温度明显低于其他测点，因此使用者多聚集在此。测点A-2、测点A-5使用率极低，几乎无使用者驻足停留，因此是夏季时期需改善的空间。

图4-13为过渡季节时期和夏季时期叠加的场地使用情况，可以看出，测点A-7处的使用率最高，测点A-5处的使用率最低。

不同季节时期住区A各测点的利用情况和改善建议见表4-15和表4-16。

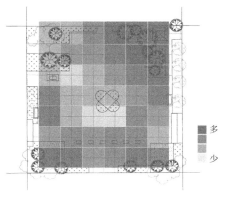

图4-13　住区A过渡季节和夏季时期空间利用状况叠加

表4-15　不同季节时期住区A各测点的利用情况

季节	A-1	A-2	A-3	A-4	A-5	A-6	A-7	A-8	A-9
过渡季节	√	√	√	×	×	×	√	√	×
夏季	√	×	√	√	×	√	√	√	√
综合季节	√	ⅹ	√	√	×	√	√	√	ⅹ

注：√表示利用率高，×表示利用率低，ⅹ表示利用率一般。

表4-16　住区A各测点的改善建议

季节	测点	改善目标	改善建议
过渡季节	A-4	增加辐射提升温度	减少植物对阳光的遮挡，增大其辐射累计值，或调整其空间功能，将其更换成不易受微气候环境影响的场所，如单双杠健身区，还可以改善下垫面材质，提升该区域的温度
	A-5	减弱风速	调整场地入口位置，避免形成风廊对场地不利，在入口附近增加植被，合理利用绿化植被减弱风对场地的影响，设置少量必要的挡风设施，如带有挡风设施的休闲座椅等
	A-6	减弱风速	设置挡风设施
	A-9	降低湿度	注意树种的类型和配置，减少草地的面积，增大乔灌木的比例，调整周围建筑布局，应充分考虑建筑物的遮挡

续表

季节	测点	改善目标	改善建议
夏季	A-2	降低辐射 降低温度	通过设置遮阳设施、增加绿化等手段减少太阳辐射，改善下垫面材质，降低温度
	A-5	降低辐射 降低温度	通过设置遮阳设施、增加绿化等手段减少太阳辐射，改善下垫面材质，降低温度

2.住区B空间热舒适性提升策略

住区B的测点分布情况、过渡季节时期和夏季时期的空间利用率情况如图4-14所示。将场地用等面积的正方格分为若干部分，色块的颜色由浅到深分别表示使用率由低到高。

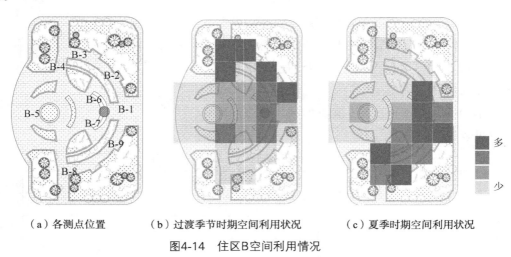

　　（a）各测点位置　　　　（b）过渡季节时期空间利用状况　　　（c）夏季时期空间利用状况

图4-14　住区B空间利用情况

从春季过渡季节时期场地的使用情况可以看出，测点B-1、测点B-2、测点B-3和测点B-4处使用率很高，其中测点B-3和测点B-4的使用率最高，原因是这两处空间光照充足，且被植物环抱，风速较小；测点B-6和测点B-7处的使用率次之；测点B-5、测点B-8和测点B-9处的使用率非常低，几乎没有使用者驻足，测点B-5处风速较大，测点B-8和测点B-9两处由于所处位置和植被遮挡，辐射累计值较低，光照不充足，因此较少有使用者。过渡季节时期测点B-5、测点B-8和测点B-9是需改善的空间。

从夏季时期场地的使用情况可以看出，测点B-1、测点B-6、测点B-7、测点B-8和测点B-9的使用率较高，测点B-5处晚上的利用率较高，测点B-6、测点B-7两处位于凉亭处，遮阴效果好，因此使用者大量聚集在这里，测点B-1、测点B-8和测点B-9位于树荫下，因此使用率也较高；测点B-2、测点B-3、测点B-4和测点B-5几处无遮阴设施，光照强烈，因此使用率较低。夏季时期测点B-2、测点B-3、测点B-4和测点B-5是需改善的空间。

由图4-15可以看出，测点A-6和测点A-7处的利用率最高。

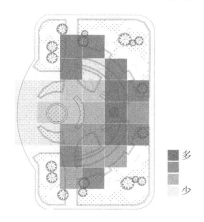

图4-15 住区B过渡季节和夏季时期空间利用状况叠加

不同季节时期住区B各测点的利用情况和改善建议见表4-17和表4-18。

表4-17 不同季节时期住区B各测点的利用情况

季节	B-1	B-2	B-3	B-4	B-5	B-6	B-7	B-8	B-9
过渡季节	√	√	√	√	×	√	√	×	×
夏季	√	×	×	×	×	√	√	√	√
综合季节	√	⩓	⩓	⩓	×	√	√	⩓	⩓

注：√表示利用率高，×表示利用率低，⩓表示利用率一般。

表4-18 住区B各测点的改善建议

季节	测点	改善目标	改善建议
过渡季节	B-5	降低风速	调整场地入口位置，避免形成风廊对场地不利，在入口附近增加植被，合理利用绿化植被减弱风对场地的影响，设置少量必要的挡风设施
	B-8	增大辐射	调整休闲座椅等的位置，使其能够接受充足的光照
	B-9	增大辐射	调整休闲座椅等的位置，使其能够接受充足的光照
夏季	B-2	降低辐射 降低温度	调整休闲座椅等的位置，使其位于庇荫处
	B-3	降低辐射 降低温度	调整休闲座椅等的位置，使其位于庇荫处
	B-4	降低辐射 降低温度	调整休闲座椅等的位置，使其位于庇荫处
	B-5	降低辐射 降低温度	通过设置遮阳设施、增加绿化等手段减少太阳辐射，改善下垫面材质，降低温度

3. 住区C空间热舒适性提升策略

住区C的分析思路与住区A和B相似。住区C空间利用情况如图4-16所示。

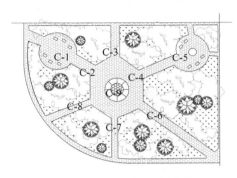

（a）各测点位置

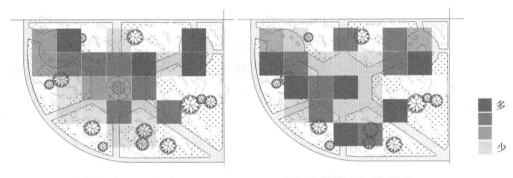

（b）过渡季节时期空间利用状况　　　　　（c）夏季时期空间利用状况

图4-16　住区C空间利用情况

　　从春季过渡季节时期场地的使用情况可以看出，测点C-1、测点C-4、测点C-5处使用率很高，其中测点C-4处使用率最高，该测点处辐射累计值最大，光照充足，且该点处温度最高，风速最低，因此聚集较多的使用者；测点C-2、测点C-3、测点C-4和测点C-7处的使用率次之；测点C-6、测点C-7和测点C-8处的使用率最低；测点C-1和测点C-5处均为小广场，并布设有健身设施，测点C-1处温度较高，测点C-5处温度相对也较高，辐射累计值较大。过渡季节时期测点C-6、测点C-7和测点C-8是需改善的空间。

　　从夏季时期场地的使用情况可以看出，测点C-1、测点C-5、测点C-6、测点C-7、测点C-9和测点C-8附近的树荫下使用率最高；测点C-9处位于凉亭空间中，因此遮阴效果也较好，利用率较高；测点C-2、测点C-4处的利用率较低，这两处空间无遮阴设施，且两处空间的辐射累计值较高，温度较高，因此较少使用者停留。夏季时期测点C-2和测点C-4两处是需改善的空间。

　　住区C过渡季节和夏季时期空间利用状况叠加情况如图4-17所示。

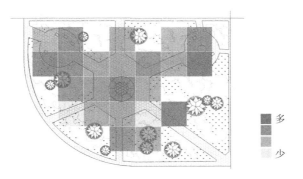

多
少

图4-17　住区C过渡季节和夏季时期空间利用状况叠加

不同季节时期住区C各测点的利用情况和改善建议见表4-19和表4-20。

表4-19　不同季节时期住区C各测点的利用情况

季节	C-1	C-2	C-3	C-4	C-5	C-6	C-7	C-8	C-9
过渡季节	√	√	√	√	√	×	×	×	√
夏季	√	×	√	×	√	√	√	√	√
综合季节	√	╳	√	╳	√	╳	╳	╳	√

注：√表示利用率高，×表示利用率低，╳表示利用率一般。

表4-20　住区C各测点的改善建议

季节	测点	改善目标	改善建议
过渡季节	C-6	减弱风速 增加辐射	调整场地入口位置，避免形成风廊对场地不利，设置少量必要的挡风设施，如休闲座椅等，调整座椅位置，减少植物对阳光的遮挡
	C-7	增加辐射	减少植物对阳光的遮挡，增大其辐射累计值，或调整其空间功能，将其更改成不易受微气候环境影响的场所
	C-8	增加辐射	减少植物对阳光的遮挡，增大其辐射累计值，或调整其空间功能，将其更改成不易受微气候环境影响的场所
夏季	C-2	降低辐射 降低温度	通过设置遮阳设施、增加绿化等手段减少太阳辐射，改善下垫面材质，降低温度
	C-4	降低辐射 降低温度	通过设置遮阳设施、增加绿化等手段减少太阳辐射，改善下垫面材质，降低温度

4.3.3　区块使用频率与区块舒适度对比分析

根据观测情况来看，区块的舒适度越高，使用者在此区块内活动的频率就会越高，但是也存在一些特殊情况——某些区块的功能吸引力较差，即使微气候舒适度高，使用者活动频率也低。通过数据总结、对比分析找出这些区域，确定影响活动频率的因素，在广场的功能布置时予以考虑，将这些功能布置在舒适度较好的空间中，可优化广场的使用效果。

住区广场区块类型与舒适度情况如表4-21所示。整体来看，A类区块的舒适度平均值在5.48～6.32之间，B类区块的舒适度平均值范围为5.13～6.27，C类区块的舒适度平均值范围在5.09～6.18之间，D类区块的舒适度平均值范围为4.38～6.22。由此看来，舒适度越高，区块越能聚集老年人活动，可以得出结论，舒适度是影响老年人在住区广场中分布的重要因素。

表4-21　住区广场区块类型与舒适度对比

区块	福乐湾		保障华庭		滨江新城		沙曼小区		中北春城		世纪花园	
	类型	舒适度	类型	舒适度	类型	舒适度	类型	舒适度	类型	舒适度	类型	舒适度
1	C	5.68	B	5.13	A	5.75	D	5.49	D	5.45	A	6.29
2	C	5.65	B	5.14	B	5.66	A	5.55	A	5.49	C	6.18
3	D	5.57	C	5.27	D	5.65	B	5.76	A	5.39	B	6.20
4	B	5.52	D	5.27	A	5.49	C	5.59	C	5.24	D	5.95
5	B	5.57	D	5.13	B	5.53	A	5.60	A	5.45	D	6.21
6	C	5.57	A	5.19	D	5.57	B	5.63	C	5.31	A	6.32
7	A	5.48	C	5.09	A	5.20	D	5.81	C	5.18	A	6.13
8	C	5.41	C	5.15	D	5.08	A	5.71	C	5.44	A	6.04
9	D	5.31	A	5.22	D	5.19	A	5.77	D	5.25	A	6.11
10	A	5.64	D	5.26	B	5.21	D	4.38	D	5.23	D	6.05
11	A	5.68	B	5.28	—	—	—	—	B	5.25	D	6.22
12	—	—	A	5.22	—	—	—	—	D	5.24	B	6.27
13	—	—	B	5.28	—	—	—	—	B	5.36	—	—
14	—	—	C	5.22	—	—	—	—	C	5.42	—	—
15	—	—	—	—	—	—	—	—	C	5.21	—	—
16	—	—	—	—	—	—	—	—	D	5.52	—	—
17	—	—	—	—	—	—	—	—	D	5.41	—	—

同时，很多B类区块的舒适度高于A类区块，活动人群却少于A类区块，一些C类区块的舒适度接近甚至高于A类区块，但是老年人在此区块内活动的频率却很低。可见，微气候舒适度并不是住区广场使用频率的唯一影响因素。

就分析来看，有些住区广场区块并非舒适度越高活动人数就越多。影响老年人在住区广场上的活动分布的因素是众多的，为确定哪些情况下住区广场区块的活动频率不随着舒适度的增加而增加，先从整体上总结影响老年人在住区广场上的分布情况。

根据调研总结，影响老年人在住区广场上的活动分布的主要因素包括微气候因素、设施因素、空间形式因素、位置因素、功能因素、人群因素、卫生因素。微气候因素是影响老年人在住区广场上活动分布的主要因素，但是其他因素也会不同程度的影响老年人在住区广场上的分布情况。

一些区块微气候舒适度高但是老年人活动频率较低，主要受区块的以下因素影响：

（1）卫生因素：区块内有未融化的冰雪，堆放杂物，影响老年人的活动。

（2）设施因素：设施被破坏，无法使用，区块内没有活动设施，没有座椅；设施不吸引老年人，甚至令人产生排斥感，比如石头材质的凉亭和座椅。

（3）位置因素：周边有设施且舒适度较好的区块；区块处于广场的边缘活动区域，人员进出频繁，不方便进行活动和停留。

（4）功能因素：区块主要承担广场上交通性质的功能，不便于老年人进行活动。

（5）人群因素：区块聚集较多非老年活动者。比如区块是较固定的遛狗区域，老年人就会较少在此区块活动（但是如果某个区块是儿童较集中的活动区块，该区块内就会聚集较多老年人，老年人在此区块内活动，便于看护儿童）。

（6）空间形式因素：活动面积较小的绿化区域，只适合穿行、散步。

一些区块微气候舒适度低但是老年人活动频率较高，主要受区块的以下因素影响：

（1）空间形式因素：半围合形式的空间，有树形成相对围合的区域，提供了安全感。

（2）设施因素：区块内有休息座椅或者健身设施。

（3）位置因素：广场的活动场地有限，只能在此区块范围活动。

（4）场地因素：广场中央空间，铺地较平坦，容易吸引老年人活动。

4.4　本章小结

本章对微气候舒适度与环境行为进行分析，得出了微气候舒适度与使用者行为之间存在相关关系，整体来看，微气候舒适度越高，广场上的活动人群越多，但是也存在一些不完全符合此规律的现象。为分析具体空间中的微气候与活动之间的关系，建立微气候舒适度评价模型，计算住区公共空间微气候舒适度，运用相关性分析确定微气候舒适度与活动数量的相关程度，确定微气候舒适度对人群行为的影响程度；对住区公共空间进行区块划分，计算区块微气候舒适度与区块内活动频率，对比分析微气候对人群空间分布的影响，确定包括微气候因素在内的影响因素类型；总结影响微气候环境的各要素与户外舒适度之间的关系，为进一步的软件模型模拟及微气候环境改善的相关性分析奠定基础。

第5章 微气候环境与空间尺度耦合分析

通过实地观测，获得了大量有效数据，进一步对实测数据进行归纳与分析，利用Givoni的户外热舒适模型进行实测数据计算，对计算结果（户外热舒度）进行比较分析。

5.1 实测数据处理

5.1.1 泰山小区住区广场实测数据处理

泰山小区位于哈尔滨市南岗区泰山路143号。小区地段好，交通便捷，吸引众多置业人青睐，周边配套成熟完善，环境幽雅，是质量较高、配套完善的优秀住宅小区。泰山小区住区广场共设置了6个测点，选取测点位置如图5-1所示，测点基本特征见表5-1，住区广场面积、宽高比等详细信息见附录2。

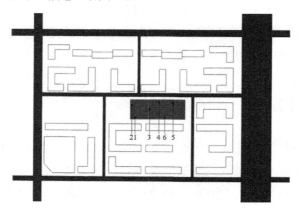

图5-1 泰山小区测点分布

表5-1 泰山小区测点基本特征

测点	测点特征	测点	测点特征
1	上风向建筑背阴面	4	下风向设施区
2	上风向广场入口	5	下风向广场入口
3	广场中心	6	下风向建筑背阴面

注：测试时间2016年4月10日，天气晴，最高气温8℃，最低气温-4℃，风速西2m/s。

5.1.1.1 实测结果分析

根据实测数据制作相关数据折线图如图5-2～图5-5所示。

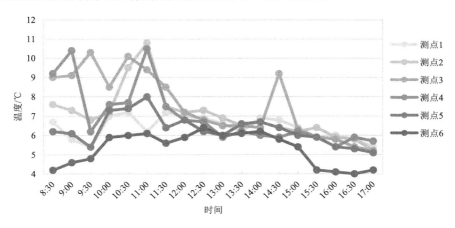

图5-2 泰山小区各测点温度变化

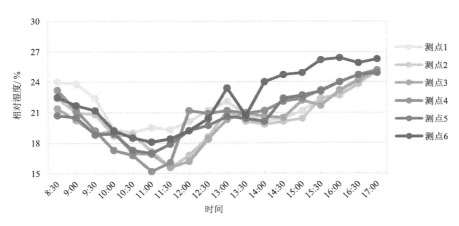

图5-3 泰山小区各测点相对湿度变化

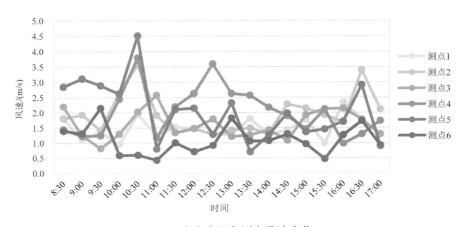

图5-4 泰山小区各测点风速变化

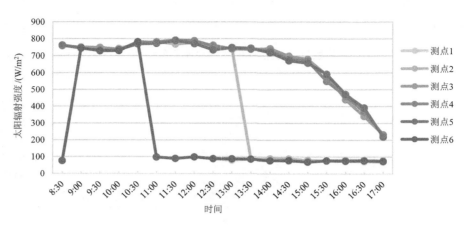

图5-5　泰山小区各测点太阳辐射强度变化

泰山小区住区广场各测点的温度变化较大，例如，8:30，最高温度是测点4，9.2℃，最低温度出现在测点6，4.2℃，温差5℃。上午阳光充裕，气温逐渐上升，各测点温度在11:00接近最高值，最高温度10.8℃。

相对湿度与温度有着直接的关系，温度升高伴随着湿度降低，从相对湿度折线图可以看出，整个区域的相对湿度保持在20%左右，湿度不是很高。

各测点风速差别较大，测点5位于下风向的广场入口，最高风速达4.51m/s，测点6位于下风向建筑的背阴面，全天实测风速保持在1m/s左右，其余各测点风速保持在2m/s左右。

太阳辐射强度变化具有显著特点，各测点因建筑物的遮挡而处于阴影下时，太阳辐射强度均小于100W/m²，14:00之后太阳辐射强度开始下降，逐渐降低，各测点温度随之下降。

5.1.1.2　户外热舒适度（TS）分析

采用Givoni的户外热舒适模型回归方程（4-6）对泰山小区住区广场的6个测点进行计算，计算结果见表5-2，整体变化趋势见图5-6。

表5-2　泰山小区各测点TS值

时间	测点1	测点2	测点3	测点4	测点5	测点6
8:30	2.8216	2.9168	2.9430	3.2080	2.4314	1.3668
9:00	2.9014	2.8204	3.2415	3.3814	2.3038	2.7099
9:30	2.7528	2.8967	3.5085	2.8878	2.2667	2.4355
10:00	3.0801	2.5718	3.1359	2.6598	2.5779	3.0569
10:30	2.8447	2.5839	3.1407	2.3341	2.0498	3.1637
11:00	1.6794	3.2817	2.9122	3.4763	3.3040	1.9294

续表

时间	测点1	测点2	测点3	测点4	测点5	测点6
11:30	1.6916	3.0687	3.2258	2.8404	2.7388	1.6737
12:00	1.7004	3.0109	2.9944	2.6177	2.7402	1.8198
12:30	1.7257	3.0408	2.8359	2.2407	2.8782	1.7897
13:00	1.6802	2.9269	2.9454	2.4300	2.5513	1.4565
13:30	1.4833	1.6136	2.9256	2.4769	3.1266	1.7059
14:00	1.7150	1.7053	2.8711	2.5630	2.9087	1.6987
14:30	1.6503	1.3546	3.2080	2.5479	2.5598	1.5859
15:00	1.4867	1.3598	2.5829	2.7063	2.6860	1.6293
15:30	1.6901	1.4503	2.2998	2.2289	2.5208	1.6700
16:00	1.2643	1.4748	2.0011	2.3678	2.1543	1.4002
16:30	1.4217	0.9177	1.8863	2.1462	1.6089	1.2432
17:00	1.5274	1.2560	1.8097	1.7253	1.8994	1.5159

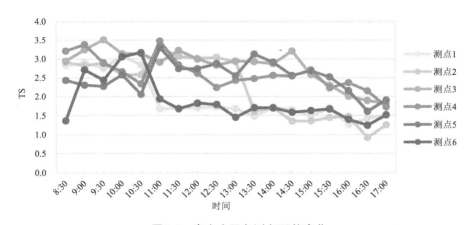

图5-6　泰山小区各测点TS值变化

分析图表中数据可以看出：

（1）各测点TS值的整体趋势从上午到傍晚逐渐降低，测点2位于上风向广场出入口，16:30时TS值出现最低值0.9177，同时段其TS值较其他测点偏低，可以得出测点2附近舒适度较差。结合上述各折线图，可以发现测点2附近风速较大，13:30后由于周围建筑遮挡，之后一直处于阴影中。可见，周围建筑的高度直接影响了周围风环境与太阳辐射环境。

（2）从整体趋势可见，位于广场中心的测点3、下风向设施旁的测点4和下风向广场出入口的测点5这三个测点的TS值较高，户外舒适度较好，结合具体数据发现这三个点全天都处在阳光下，没有被周围建筑遮挡，虽然测点5风速较大，但并没有对其TS值造成太大的影响。

5.1.2 欧洲新城住区广场实测数据处理

欧洲新城位于道里区新阳路504号，住区占地面积近20hm²，总建筑面积65hm²，容积率为3.25，住区建筑覆盖约20%，绿地率为45%，住区环境幽雅，是超大规模的封闭式园林社区。欧洲新城拥有完善的社区商业网络及社区配套服务设施。本次实测欧洲新城的住区广场共设置了9个测点，选取位置如图5-7所示，测点基本特征见表5-3，住区广场面积、宽高比等详细信息见附录2。

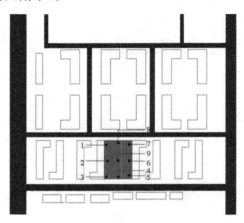

图5-7 欧洲新城测点分布示意图

表5-3 欧洲新城测点特征

测点	测点特征	测点	测点特征
1	下风向广场入口	6	广场边缘设施旁
2	广场边缘设施旁	7	下风向建筑迎风面
3	上风向广场入口	8	下风向广场入口
4	广场屏风旁	9	广场中心
5	上风向广场入口		

注：测试时间2016年4月19日，天气晴，最高气温18℃，最低气温4℃，风速西南5m/s。

5.1.2.1 实测结果分析

整理实测数据，制作相关数据折线图如图5-8～图5-11所示。

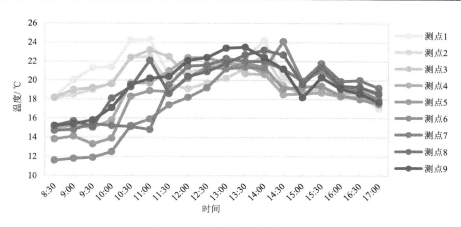

图5-8　欧洲新城各测点温度变化

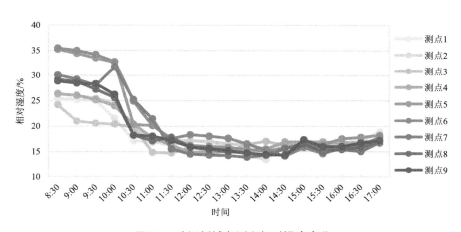

图5-9　欧洲新城各测点相对湿度变化

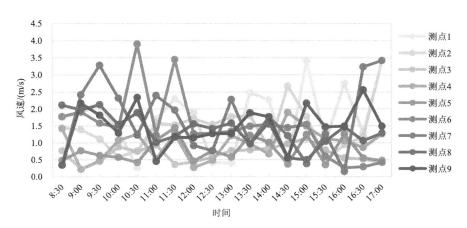

图5-10　欧洲新城各测点风速变化

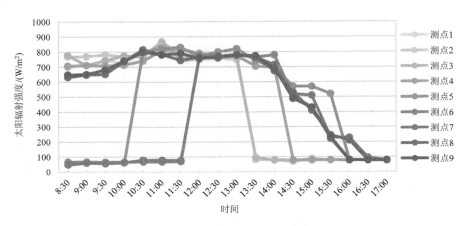

图5-11　欧洲新城各测点太阳辐射强度变化

通过折线图可以看出，欧洲新城各测点温度在一天当中变化较大，整个区域中测点6出现最高气温，为24.1℃，最低气温，为11.6℃。12:00之前测点之间温差较大，测点1与测点6之间温度持续相差10℃左右，舒适度有明显的差异。气温在12:00之前逐渐升高，各测点之间温差缩小。13:00～14:00各测点温度均达到最大值，温度均大于20℃，广场上活动人数明显减少。15:00之后温度开始下降，之后变化平缓，可见下午广场温度整体较为舒适。

各测点的相对湿度呈现先高后低的趋势，上午的相对湿度明显高于下午。测点6在11:30之前一直处于阴影下，其相对湿度达到最大值35.5%，而测点3正好与之相反，出现相对湿度最低值24.2%。从折线图可以看到，11:00之后，相对湿度几乎保持在一个稳定值，均低于20%，整个住区广场相对湿度较低。

各测点风速变化较大，测点6出现最大风速3.9m/s，最低风速出现在9:00的测点3和测点4，仅有0.22m/s。测点3与测点4一天中较多时间风速低于1m/s，风环境较好。位于广场中间的测点9风速变化明显，从现场观察也发现居民在广场中央活动的人数不是很多。

由于周围建筑物的遮挡，测点6和测点7全天只有11:30到15:30这4h内有阳光直射，严重影响了温度与湿度。16:00之后，太阳辐射强度开始逐渐下降。

5.1.2.2　户外热舒适度（TS）分析

采用Givoni的户外热舒适模型对欧洲新城住区广场的9个测点进行计算，计算结果见表5-4，整体变化趋势见图5-12。

表5-4　欧洲新城各测点TS值

时间	测点1	测点2	测点3	测点4	测点5	测点6	测点7	测点8	测点9
8:30	4.0019	4.2174	4.4623	3.7654	2.7036	2.0557	2.8156	3.4204	4.0196
9:00	4.1808	4.2830	4.6012	4.1775	2.6485	2.0315	2.1934	3.5511	3.4648

续表

时间	测点1	测点2	测点3	测点4	测点5	测点6	测点7	测点8	测点9
9:30	4.3082	4.4476	4.6092	4.0648	2.6001	2.1490	1.9788	3.4440	3.6778
10:00	4.5438	4.6729	4.5776	3.9775	2.6880	2.2605	2.2737	4.1318	4.1056
10:30	5.3228	4.9223	4.9198	4.4031	4.6286	1.7819	2.6439	4.2985	4.1490
11:00	4.9583	4.8547	5.1290	4.7667	4.5290	2.7103	2.2378	4.8321	4.7948
11:30	4.1649	4.3820	5.0229	4.6950	4.4114	2.1743	2.8950	4.3072	4.6068
12:00	4.3483	4.2233	4.7749	5.1126	4.7726	4.3030	4.7596	4.4331	4.7381
12:30	4.8740	4.3786	4.8606	5.0153	4.8590	4.3999	4.8300	4.4071	4.7561
13:00	4.9500	4.3497	4.8594	4.7178	4.9371	4.6228	4.4461	4.6095	4.8866
13:30	3.0787	3.1556	3.4369	4.6501	4.6519	4.5650	4.7944	4.8756	4.6889
14:00	3.3273	3.6142	3.3776	4.6209	4.5906	4.5502	4.4459	4.5578	4.4487
14:30	3.4665	2.6609	3.2097	2.8058	4.2948	4.3867	4.1664	4.5629	4.3114
15:00	2.3891	2.8851	3.0479	2.9513	4.0349	3.7454	4.2668	4.0052	3.3552
15:30	3.1163	3.3380	3.1960	3.0816	4.2396	3.7684	3.6664	3.7172	3.4323
16:00	2.5351	3.1042	3.2358	3.0472	2.9985	3.4173	3.8043	3.2939	3.0071
16:30	2.9883	3.1014	3.3103	3.1055	3.1838	3.3670	2.5817	3.1625	2.6067
17:00	2.1487	2.3551	3.2753	2.9558	3.1485	3.2233	2.4016	3.0131	2.8491

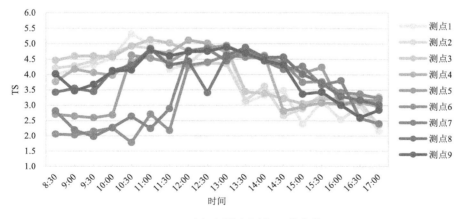

图5-12　欧洲新城各测点TS值变化

分析图表中数据可以看出：

（1）各测点TS值的整体趋势呈现先升高后降低。12:00之前测点1、测点2、测点3的TS值明显高于测点5、测点6、测点7，这与测点是否处于太阳直射下有直接的关系，这也直接导致了居民对广场用地使用情况的两极分化。最高TS值出现在测点1，为5.3228，测点1在一天当中TS值变化较大，傍晚时分仅为2.1487。12:00～13:00，各测点TS值均高于4，体感舒适。14:00之后，TS值开始下降，傍晚时分降至3左右，户外舒适度较好，居民广场活动量较大。

（2）从整体趋势可见，位于上风向广场入口的测点3、广场屏风旁的测点4、下风向广场出入口的测点8、广场中心的测点9这四个测点的TS值较高，户外舒适度较好，结合具体数据发现，这四个点相对其他测点而言太阳直射时间较长，周围建筑遮挡对其影响较小，测点1、测点2、测点5、测点6、测点7舒适度相对较低。

5.1.3 山水家园住区广场实测数据处理

山水家园位于融江路与群力第七大道交会处，紧邻哈尔滨市第三中学，是典型的学区房。小区内部拥有较好的绿化景观，以行列式布局为主，交通系统组织合理，小区占地面积5.5hm²，共有建筑8栋，虽然小区规模较小，但拥有精心安排的休闲设施，提供自然、舒适的居住环境。住区中央的广场面积高达3955m²，为居民提供了良好的室外娱乐活动的休闲场所。本次实测共设置了8个测点，选取位置如图5-13所示，测点基本特征见表5-5，住区广场面积、宽高比等详细信息见附录2。

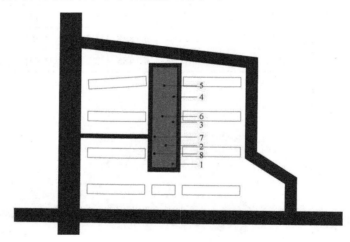

图5-13 山水家园测点分布示意图

表5-5 山水家园测点特征

测点	测点特征	测点	测点特征
1	上风向广场入口	5	下风向建筑山墙之间
2	上风向地下停车出入口	6	广场中央
3	上风向广场设施旁	7	上风向正对小区入口
4	下风向广场设施旁	8	上风向建筑山墙侧面

注：测试时间2016年5月9日，天气晴，最高气温21℃，最低气温15℃，风速西南4m/s。

5.1.3.1　实测结果分析

整理实测数据，制作相关数据折线图如图5-14～图5-17所示。

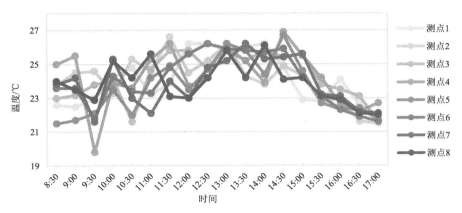

图5-14　山水家园各测点温度变化

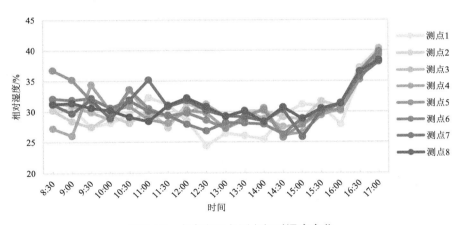

图5-15　山水家园各测点相对湿度变化

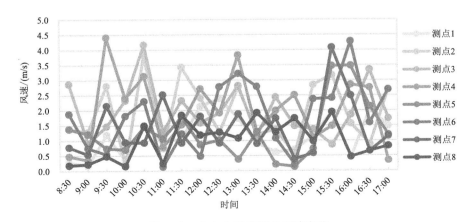

图5-16　山水家园各测点风速变化

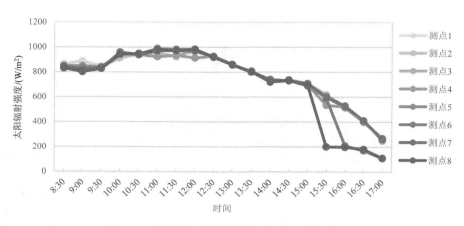

图5-17　山水家园各测点太阳辐射强度变化

可以看出，山水家园各测点温度在一天当中变化较小，体感温度舒适，温度一直保持在20℃之上。整个区域中测点4出现最高气温26.9℃，最低气温19.8℃。测点4温度在9:30实测时瞬时风速较大，对应的温度降低，湿度增大。14:30之后气温开始下降，幅度较小，较舒适。15:30之后测点6和测点8处于阴影下，温度有较为明显的降低。

广场使用者在各测点的相对湿度维持在30%上下时感觉较为舒适，16:00之后，相对湿度上升，达到40%，广场傍晚使用人数较多，大多数居民表示体感良好。全天测量到的相对湿度最低值25.4%，与之前两次测量值相比明显升高。

各测点风速变化较大，不是很稳定，测点2、测点3、测点4和测点6四个测点在一天当中风速变化频繁，瞬时风速忽大忽小。15:00之后，住区广场整体环境风速加大，各测点风速出现较为剧烈的变化，现场实测中测试者对风速变化有较为明显的感受。计算各测点全天风速平均值，测点3和测点4风速较高，平均风速分别为1.9956m/s、1.9906m/s，测点8平均风速仅为0.9961m/s，可见各测点之间风速差异较大。

9:30之后太阳辐射有小幅的上升，直射强度过高，体感较差，正午之后开始下降，15:00之后体感较为舒适。住区广场在实测过程中大面积处于太阳直射下，缺少必要的遮挡，夏季太阳照射强烈，这导致广场使用率降低。

5.1.3.2　户外热舒适度（TS）分析

采用Givoni的户外热舒适模型对山水家园住区广场的8个测点进行计算，计算结果见表5-6，整体变化趋势见图5-18。

表5-6　山水家园各测点TS值

时间	测点1	测点2	测点3	测点4	测点5	测点6	测点7	测点8
8:30	5.2685	5.0222	4.4236	5.4230	4.7670	4.8210	5.2146	5.3957
9:00	5.3380	5.0821	5.0898	5.5031	4.8454	5.1657	5.2786	5.2702
9:30	4.9891	4.6420	4.9758	3.5763	5.0207	5.0281	4.5120	5.1699
10:00	5.5576	5.4607	4.9475	4.9245	5.3928	5.1570	5.5228	5.7480
10:30	5.2849	4.5928	4.0701	4.6205	4.9734	4.8569	5.2543	5.2249
11:00	5.3627	5.5236	5.2918	5.5211	5.4379	5.6033	4.7026	5.8400
11:30	5.4038	4.8252	5.1124	5.4118	5.2682	5.4234	5.4393	5.0364
12:00	5.3144	5.0262	5.4165	4.7141	5.4121	5.7407	5.0475	5.2545
12:30	5.1081	5.3501	5.0886	5.0500	5.3734	4.9877	5.4183	5.2424
13:00	5.1565	4.8693	4.8291	4.4946	5.6286	4.7001	5.0412	5.3667
13:30	5.3336	5.0631	5.1787	5.1316	5.1890	4.7100	5.3547	4.8106
14:00	5.2950	4.8075	4.6638	4.5952	5.2369	5.0934	4.8728	5.0705
14:30	5.1445	5.1914	4.9648	4.8021	5.5321	5.4080	5.2981	4.7238
15:00	4.7285	4.3387	4.9633	5.0223	5.0442	4.4887	5.2054	4.8972
15:30	4.2947	3.8614	4.7521	4.4415	3.7659	4.1272	3.6273	3.5378
16:00	4.7394	4.2518	4.2228	3.8021	3.5566	2.7185	3.9858	3.9830
16:30	3.8403	4.1033	3.4839	3.5784	3.7792	3.4584	4.2473	3.7991
17:00	3.6664	3.2345	3.5514	4.0978	3.7497	2.9568	3.7957	3.5989

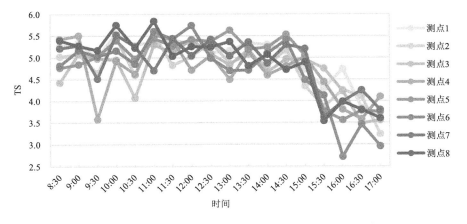

图5-18　山水家园各测点TS值变化

分析图表中数据可以看出：

（1）各测点TS值的整体趋势较为平缓，大部分时间维持在5上下，15:00之后TS值开始下降，但是没有下降太多，保持在4上下，舒适度较好。个别时段出现短时TS值下降，例如测点4，TS值由9:00时的5.5031降到9:30时的3.5763。结合风速变化趋势可以发现这与风速有着直接的关系，可见风速对户外热舒适度影响较大。山水家园实测日期在5月，从调研数据可见温湿度均开始上升，户外舒适度明显提高。

（2）从整体趋势可见，位于上风向广场入口的测点1、下风向建筑山墙之间的测点5、上风向正对小区入口的测点7、上风向建筑山墙侧面的测点8这四个测点的TS值较好，户外舒适度适中，居民在相应测点周围活动较为频繁，结合具体数据发现这四个点相对其他测点而言风环境较好，测点2、测点3、测点4、测点6舒适度相对较差。

综上所述，过渡季节哈尔滨天气回暖，居民室外活动开始增多，住区广场是居民室外活动的首选之地。通过对三个住区的实测可以看出，住区广场的微气候舒适度与太阳辐射有着直接的关系，广住区场周围建筑的高度则直接影响了太阳直射照度。深入研究住区广场与周围建筑的宽高比对微气候环境改善的影响，对于提高寒冷地区在过渡季节户外舒适度，增加居民对住区广场的使用率及室外活动的积极性，优化住区微气候环境具有重要的意义。

5.2　微气候环境模拟

5.2.1　ENVI-met模拟基础设定

不同住区之间的环境差异太大，不便于通过实测比较尺度变化对广场微气候环境是否起到改善作用，因此，利用ENVI-met模拟软件对三个典型实测住区建模，对同一住区广场周围的建筑高度进行调整，进行微气候环境模拟，统计相关微气候数据，计算各模拟状况下的户外舒适度情况，比较分析住区广场微气候与空间尺度变化之间的关系。

5.2.1.1　模拟模型建立

为了使模拟的结果更具有说服力，本次模拟模型以实测的三个住区为原型。所以在对各个住区进行模拟时，要对模拟的外环境进行调整，同时要对实测住区布局进行演变。

外环境主要指模拟时的外部气候条件。在ENVI-met模型模拟时需要对模拟地区的气候环境进行设定，包括温度、相对湿度、风向等气候因素，部分数据以实测当日的调研数据为准，部分数据通过查阅哈尔滨相关气象气候统计资料获得。

ENVI-met软件建模具有一定的局限性，因此，对实测住区演变需要注意以下几点：

（1）尽可能保留住区广场周边影响其微气候环境的相关建筑；

（2）将住区广场的形状设定为矩形；

（3）保持住区广场的面积与实测相同；

（4）将周围建筑平面抽象成规则几何图形，建筑底面长宽尺寸尽可能与实测相同；

（5）住区广场周围建筑朝向与实测住区布局相同；

（6）保证住区单元楼之间日照间距符合规范要求；

（7）研究的时间为过渡季节，软件模拟忽略绿化植被的影响。

根据以上设定，对同一个住区广场建立三个模拟模型，其一是基于实测的住区原型模型，另外两个基于住区原型模型统一调整周边建筑高度，三个模型分别代表多层住宅、中高层住宅和高层住宅。

5.2.1.2　典型住区模型演变

三个典型住区模拟模型演变结果如下：

（1）泰山小区

泰山小区住区广场周围建筑均为6+1模式——底层为商业，上面6层为居住用房。小区属于多层住区，广场宽度为36m，住区广场与周围建筑宽高比为1.7∶1，模拟工况将广场周围建筑整体统一调整，因此，模拟工况Ⅰ按照实际情况稍作调整，使住区广场与周围建筑宽高比为2∶1，模拟工况Ⅱ降低周围建筑为四层建筑，使周围广场与周围建筑宽高比为3∶1，模拟工况Ⅲ增加周围建筑高度，使周围广场与周围建筑宽高比为1∶1。模拟工况如图5-19所示。

工况Ⅰ—宽高比2∶1　　　　　工况Ⅱ—宽高比3∶1　　　　　工况Ⅲ—宽高比1∶1

图5-19　泰山小区模拟工况

（2）欧洲新城

欧洲新城住区广场周围建筑为多层与高层混合，广场北面与隔路相望的是18层高层建筑，广场东西两侧为7层建筑，广场南侧为相邻住区的小高层建筑，广场宽度为54m，住区广场与周围建筑宽高比为3∶1。模拟工况只调整东西向的建筑，南北建筑距离广场距离较远，保持原有高度不变。因此，模拟工况Ⅰ按照实际情况稍作调整，使住区广场与周围建筑宽高比为3∶1，模拟工况Ⅱ降低广场东西向建筑为四层建筑，使住区广场与周围建筑宽高比为4.5∶1，模拟工况Ⅲ增高东西向建筑高度，使住区广场与周围建筑宽高比为1.5：1。模拟工况如图5-20所示。

工况Ⅰ—宽高比3：1　　　　　　工况Ⅱ—宽高比4.5：1　　　　　　工况Ⅲ—宽高比1.5：1

图5-20　欧洲新城模拟工况

（3）山水家园

山水家园住区广场周围建筑均为6层建筑，小区属于多层住区，广场宽度为36m，住区广场与周围建筑宽高比为2：1，模拟工况将广场周围建筑整体统一调整，因此，模拟工况Ⅰ按照实际情况稍作调整，使住区广场与周围建筑宽高比为2：1，模拟工况Ⅱ降低周围建筑为四层建筑，使住区广场与周围建筑宽高比为3：1，模拟工况Ⅲ增加周围建筑高度，使住区广场与周围建筑宽高比为1：1。模拟工况如图5-21。

工况Ⅰ—宽高比2：1　　　　　　工况Ⅱ—宽高比3：1　　　　　　工况Ⅲ—宽高比1：1

图5-21　山水家园模拟工况

5.2.1.3　数据模拟基本假设条件

模拟研究选用ENVI-met最新版本4.0，建模之前需要对网格嵌套属性数量进行设定，包括主模型区的三维空间网格数、嵌套网格数、嵌套网格土壤材质、模型主区域网格大小、垂直网格生成方法、模拟环境正北方向、模拟地经纬度、参考时区。建模过程中，按照建筑物、植物、下垫面的顺序建模。模型建立完成后，进入编辑模块，对开始模拟的日期、开始模拟的时间、总模拟时间、保存模拟状态间隔时间、地面以上10m处风速、风向（北风是0°，东风是90°，南风是180°，西风是270°）、初始温度、地面以上2500m处湿度（g/kg）、地面以上2m处相对湿度、最大最小温度与相对湿度、模型分析时间间隔、地面以下0～20cm、20～50cm、50～200cm、200cm以下四个层面的温度与湿度、建筑室内温度、建筑外墙热传导率、建筑屋顶热传导率、建筑外墙反射率、建筑屋顶反射率等内容进行设定。

模拟空间三维空间网格设置为60（x轴）×60（y轴）×30（z轴），为了建模时将住区广场周围的建筑尽可能按照实际情况建立，所以以x、y、z三轴每个网格选择5m解析度，嵌套网格的土壤与建造材质按照实际住区情况选择；为了使模拟结果更加精细，模型垂直方向网格生成选择最低网格五等分化，地面以上2.5m内垂直方向的解析度达到0.5m；模拟的三个住区均位于哈尔滨市中心城区内，哈尔滨位于东经125°42′~130°10′，北纬44°04′~46°40′，软件模拟统一采用的经纬度为126°68′、45°78′，并选取中国CET/GMT+8标准时区进行计算。模拟环境的参数设定见表5-7。

表5-7　模拟环境参数设定

环境参数			泰山小区	欧洲新城	山水家园
基础设定	模型模拟日期		4月9日	4月19日	5月9日
	模型模拟时间		8:00	8:00	8:00
	日总实测时间/h		9	9	9
	模拟数据记录时间间隔/min		30	30	30
自然环境	地面以上10m处风速/（m/s）		7	6.5	7
	风向/（°）		270（西风）	225（西南风）	225（西南风）
	初始大气温度/K		279.15	288.15	293.15
	地面以上2500m处湿度/（g/kg）		7	7	7
	地面以上2m处相对湿度/%		30	35	40
	地面以下0~20cm	相对湿度/%	20	20	20
		温度/K	283.15	288.15	293.13
	地面以下20~50cm	相对湿度/%	30	30	30
		温度/K	280.15	285.15	288.15
	地面以下50~200cm	相对湿度/%	40	40	40
		温度/K	277.15	281.15	285.15
	地面200cm以下	相对湿度/%	45	50	45
		温度/K	276.15	277.15	281.15
建筑环境	建筑室内温度/K		288.15	291.15	293.15
	建筑外墙热传导率/（W/(m²·K)）		2.35	2.55	2.75

续表

环境参数		泰山小区	欧洲新城	山水家园
建筑环境	建筑屋顶热传导率/（W/(m²·K)）	6.5	6.5	6.5
	建筑外墙反射率/（W/(m²·K)）	0.25	0.25	0.255
	建筑屋顶反射率/（W/(m²·K)）	0.35	0.35	0.35

利用LEONARDO板块对模拟结果进行分析。

以TSⅠ-W-T9为例说明模拟情况编号含义：TSⅠ表示泰山小区模拟工况Ⅰ（类似地，欧洲新城模拟工况Ⅱ记为OZⅡ，山水家园模拟工况Ⅲ记为SSⅢ）；W表示分析图为风环境模拟情况（相应地，T和R分别表示温度环境和太阳辐射环境模拟情况）；T9表示软件模拟数据记录时间为9:00，半点记为0.5（例如，模拟数据记录时间14:30记为T14.5）。

5.2.2 典型住区模拟

根据以上条件的设定及ENVI-met软件的操作模拟，对三个模拟住区共计9种模拟工况利用分析模板分别对温度、风速、太阳辐射进行分析，共得到有效分析图486个，部分分析图见图5-22~图5-30，其余见附录3。

1.泰山小区模拟情况

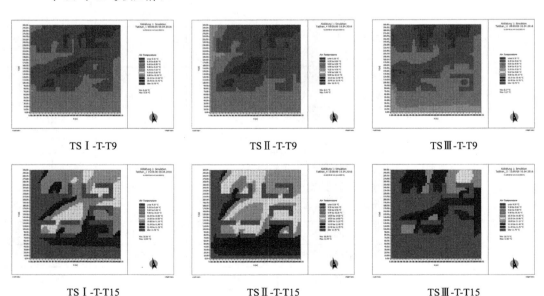

TSⅠ-T-T9　　　　TSⅡ-T-T9　　　　TSⅢ-T-T9

TSⅠ-T-T15　　　　TSⅡ-T-T15　　　　TSⅢ-T-T15

图5-22 泰山小区温度环境模拟情况

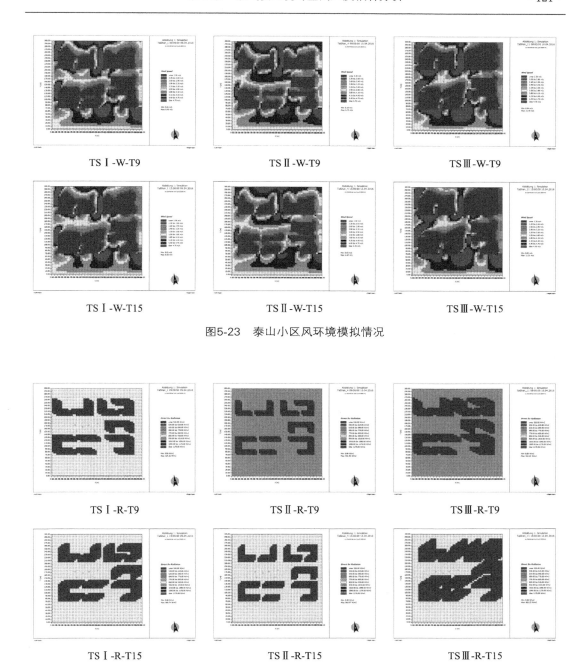

图5-23　泰山小区风环境模拟情况

图5-24　泰山小区太阳辐射环境模拟情况

2.欧洲新城模拟情况

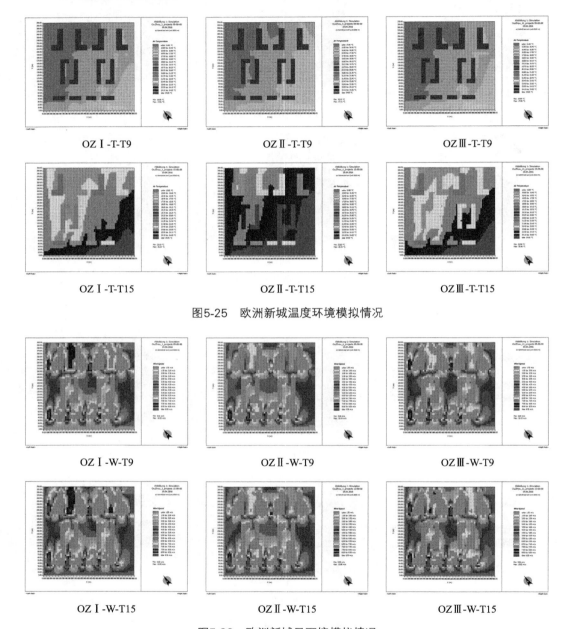

OZ Ⅰ-T-T9　　　　　　　OZ Ⅱ-T-T9　　　　　　　OZ Ⅲ-T-T9

OZ Ⅰ-T-T15　　　　　　OZ Ⅱ-T-T15　　　　　　OZ Ⅲ-T-T15

图5-25　欧洲新城温度环境模拟情况

OZ Ⅰ-W-T9　　　　　　　OZ Ⅱ-W-T9　　　　　　　OZ Ⅲ-W-T9

OZ Ⅰ-W-T15　　　　　　OZ Ⅱ-W-T15　　　　　　OZ Ⅲ-W-T15

图5-26　欧洲新城风环境模拟情况

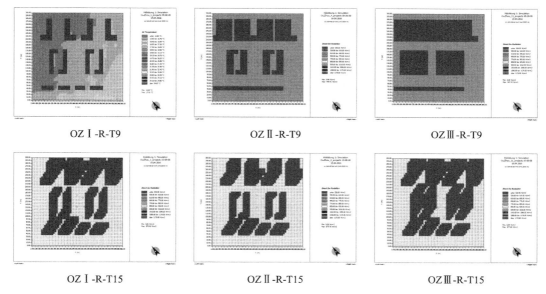

OZ Ⅰ-R-T9　　　　　　OZ Ⅱ-R-T9　　　　　　OZ Ⅲ-R-T9

OZ Ⅰ-R-T15　　　　　　OZ Ⅱ-R-T15　　　　　　OZ Ⅲ-R-T15

图5-27　欧洲新城太阳辐射环境模拟情况

3.山水家园模拟情况

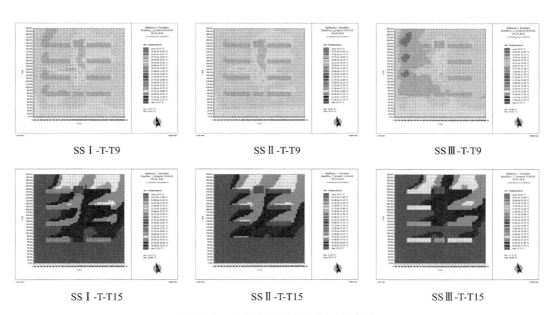

SS Ⅰ-T-T9　　　　　　SS Ⅱ-T-T9　　　　　　SS Ⅲ-T-T9

SS Ⅰ-T-T15　　　　　　SS Ⅱ-T-T15　　　　　　SS Ⅲ-T-T15

图5-28　山水家园温度环境模拟情况

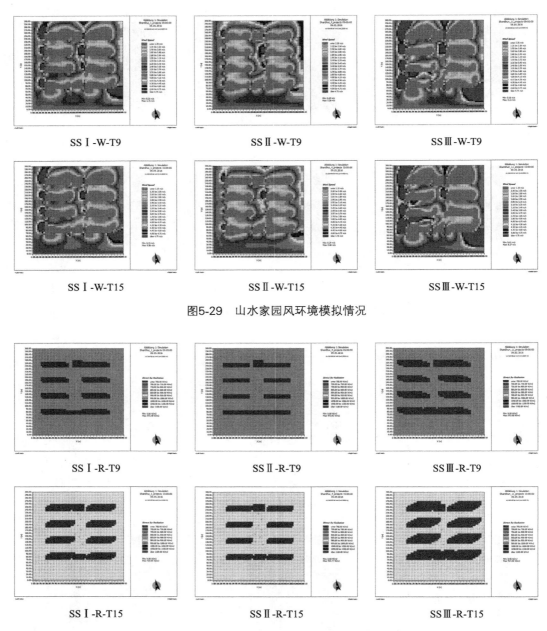

SS Ⅰ-W-T9　　　　　　　SS Ⅱ-W-T9　　　　　　　SS Ⅲ-W-T9

SS Ⅰ-W-T15　　　　　　SS Ⅱ-W-T15　　　　　　SS Ⅲ-W-T15

图5-29　山水家园风环境模拟情况

SS Ⅰ-R-T9　　　　　　　SS Ⅱ-R-T9　　　　　　　SS Ⅲ-R-T9

SS Ⅰ-R-T15　　　　　　SS Ⅱ-R-T15　　　　　　SS Ⅲ-R-T15

图5-30　山水家园太阳辐射环境模拟情况

　　由分析图可见，各住区三种模拟工况的温度环境、风环境和太阳辐射环境均存在一定的差异。横向比较三种模拟工况，可以清晰地看出差异。温度环境情况，因各工况周围建筑高度不同，同一时间各测点温度相差较大。不同的时间点，风环境分析图中可以直观地看到各测点所处区域风速与风向的变化情况，从太阳辐射环境分析图中也可直观地看出，由于建筑高度调整后，同一时间同一测点所处环境的遮挡情况。综合而言，对各住区模拟工况的横向观察比较，可以得出住区广场的微气候环境与住区周围建筑的高度存在紧密的联系，为进一步分析二者之间的相关性，需要对NEVI-met模拟软件中LEONARDO板块分析得到486个分析图提取所需数据。

5.2.3　提取微气候因素模拟数据

5.2.3.1　各住区广场数据提取点分布

数据提取点选择与前期实地测量相同的测点，以保证软件模拟结果与实测结果匹配。同一住区三种模拟工况测点选取相同，各测点在模拟模型中的分布情况见图5-31～图5-33。

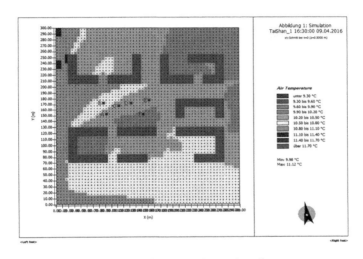

图5-31　泰山小区模拟测点分布

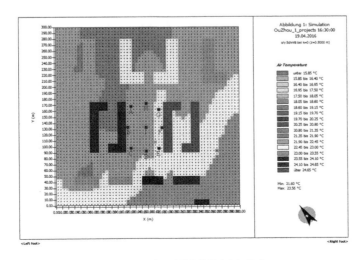

图5-32　欧洲新城模拟测点分布

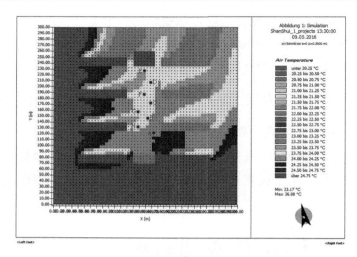

图5-33　山水家园模拟测点分布

5.2.3.2　测点数据提取

利用NEVI-met模拟软件中LEONARDO板块分析，对上文所述各测点进行数据提取，提取内容为各测点温度、风速和太阳辐射强度。同一住区三种工况从8:00开始，每30min记录数据一次，截至17:00，共计9h。总共提取数据11178个。

5.3　户外热舒适度模拟结果分析

5.3.1　实测数据与模拟结果的对比验证

住区广场实测需要前期做好测点的选择，测点选取是否得当直接关系到数据是否具有说服力和可信度。测点选取通过从以下步骤确定：

本次实测主要测量温度、相对湿度、风速、太阳辐射强度这四个数值。其中温度、相对湿度受风环境的影响，所以测点的选取首先考虑住区广场的风向。哈尔滨市4月的主要风向为西及西南风向。记录4月每日风向，统计情况见表5-8。

表5-8　哈尔滨市2016年4月主导风向统计表

日期	1	2	3	4	5	6	7	8	9	10
风向	WS	W	WS	WS	WS	WS	W	W	WN	W
日期	11	12	13	14	15	16	17	18	19	20
风向	WN	W	WN	WN	W	ES	WS	WN	WS	WS
日期	21	22	23	24	25	26	27	28	29	30
风向	WS	WS	WS	WS	WN	EN	WS	W	WS	W

通过为期一个月的风向统计，可以验证哈尔滨市主要风向为西南，三个实测日也均为西南风，从风向考虑，数据采集具有一定的代表性。风向统计数据将作为进一步实测点选择的一个重要依据，测点的选取要在上风向、下风向、建筑迎风面、背风面分布均匀。

实测之前前往实测地点进行现场勘查，对住区广场活动的居民进行访谈，根据他们的生活经验得到住区广场什么方位风较大、什么时间段活动人数最多、住区广场主要活动人员的类型、主要活动的项目等相关基础信息，协助确定测点的选取。

5.3.2　户外热舒适度模型计算

Givoni的户外舒适度模型建立微气候改善与微气候因子的量化关系，即微气候环境改善表现为户外热舒适度的提升，因此在ENVI-met模型模拟并提取相关数据之后，利用户外微气候舒适度回归方程计算户外热舒适度TS值。通过大量数据的统计与计算，从中找出规律并分析其原因，用量化分析的方法探讨住区广场微气候环境与空间尺度之间的关系，计算共得到有效数据1242个。

为便于研究的顺利开展，通过利用TS指标法计算户外热舒适度的变化对微气候环境改善幅度进行量化分析，微气候环境改善幅度表现为户外热舒适度的提升。

5.3.3　户外热舒适度变化分析

5.3.3.1　模拟结果与实测对比分析

各住区模型模拟工况Ⅰ是以住区实际情况为基准，建立模拟环境，数据提取测点与实测相符。通过计算模型模拟的各测点TS平均值，与实测计算结果进行对比分析。各住区模拟工况Ⅰ与前期实测各测点的TS平均值见表5-9～表5-11。

表5-9　泰山小区各测点TS平均值

数据类型	测点A	测点B	测点C	测点D	测点E	测点F
实测	1.9509	2.2361	2.8038	2.6021	2.5170	1.8806
模拟工况Ⅰ	1.9892	2.2632	2.8304	2.7856	2.7198	2.0666

表5-10　欧洲新城各测点TS平均值

数据类型	测点A	测点B	测点C	测点D	测点E	测点F	测点G	测点H	测点I
实测	3.8168	3.8303	4.1059	3.9952	3.8845	3.3062	3.4001	3.9791	3.9943
模拟工况Ⅰ	3.3659	3.5894	3.9864	3.9221	3.8517	3.2109	3.1182	3.8026	3.9110

表5-11　山水家园各测点TS平均值

数据类型	测点A	测点B	测点C	测点D	测点E	测点F	测点G	测点H
实测	4.9903	4.7359	4.7237	4.7061	4.8874	4.6914	4.8788	4.8872
模拟工况Ⅰ	4.6343	4.3527	4.2332	4.0788	4.5732	4.2444	4.4588	4.5261

将以上TS平均值统计的结果进行比对，从图5-34中可以看出实测计算结果与计算机模拟结果虽然有一定的差别，但是三个住区的总体变化趋势保持一致，匹配度很高。由此可见，此次ENVI-met软件模型模拟结果具有很高的可信度，模型建立及数据分析合理有效。

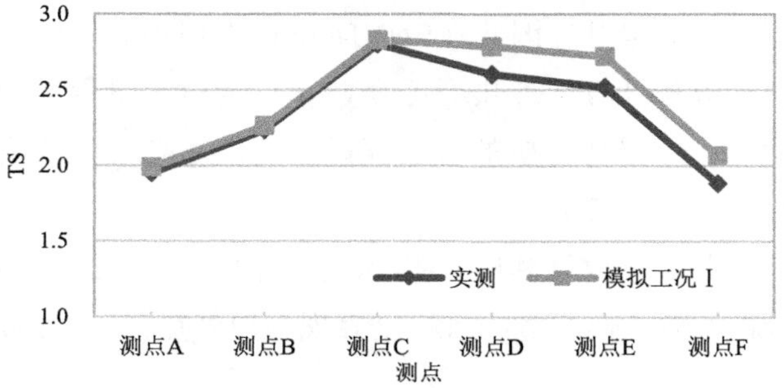

(a) 泰山小区

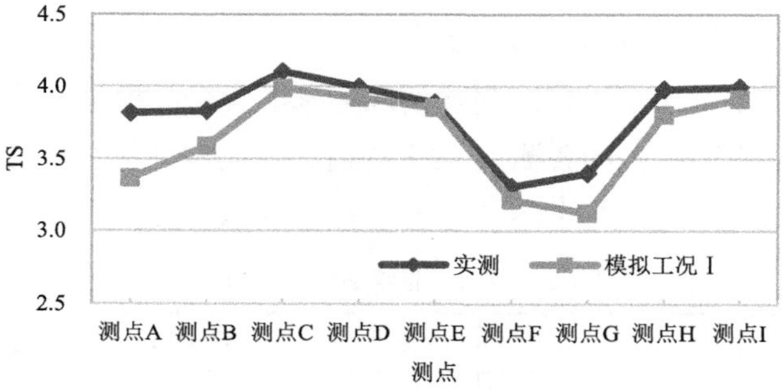

(b) 欧洲新城

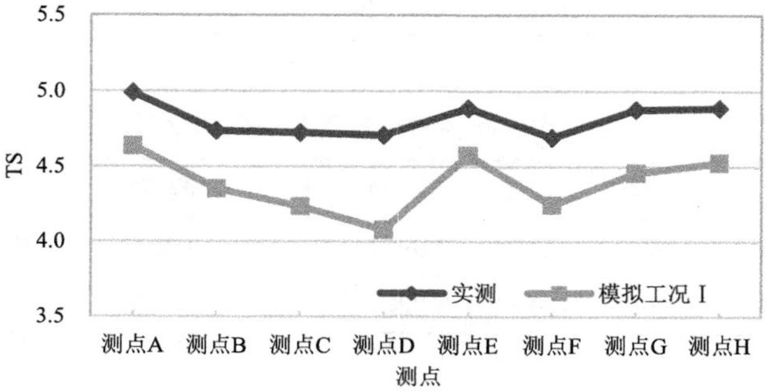

(c) 山水家园

图5-34　各住区测点实测与模拟TS平均值变化趋势

5.3.3.2　各住区模拟工况分析

1.泰山小区模拟工况分析

计算泰山小区三种模型模拟工况的各测点TS平均值，计算结果见图5-35。

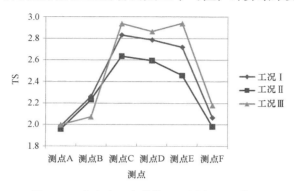

图5-35　泰山小区各模拟工况测点TS平均值

综合可知：

模拟工况Ⅰ中只有测点A的TS平均值小于2，户外舒适度为1.9892，六个测点中C点值最高，数值为2.8304，与实测数据相符。通过ENVI-met模拟分析图可发现由于周围建筑较高使得测点A和测点F在白天有长达7h处于阴影下，严重影响了舒适度。模拟工况Ⅰ住区广场12:30之前户外舒适度平均值为2.3668，高于12:30之后户外舒适度平均值1.9719。

模拟工况Ⅱ中测点C的TS平均值最高为2.6370，低于模拟工况Ⅰ测点C。测点A和测点F在12点之后TS平均值小于2，仅仅比模拟工况Ⅰ处在阴影下的时间少了1h。模拟工况Ⅱ住区广场12:30之前户外舒适度平均值为2.3006，高于12:30之后户外舒适度平均值1.8122。整个住区广场在模拟的9h中，TS值大于3的时间点寥寥无几。17:00之后，各测点TS值均小于2，说明户外舒适度开始下降。

模拟工况Ⅲ中测点A的TS平均值最低，数值为1.9993，最高为测点C的2.9376，最低值与最高值均高于模拟工况Ⅰ、Ⅱ。10:30之后测点A与测点F的TS平均值开始小于2，时间较前两种模拟工况提前了，但是可以发现测点C、D、E在统计数据的9h中有一半时间TS值大于3，其数量远远高于模拟工况Ⅰ、Ⅱ。

2.欧洲新城模拟工况分析

计算欧洲新城三种模型模拟工况的各测点TS平均值，计算结果见图5-36。

综合可知：

模拟工况Ⅰ中测点C的TS平均值最高，户外舒适度为3.9864，最低值出现在测点G。9个测点TS平均值都大于3，在记录数据的9h中，11:30之前各测点TS平均值都小于4，

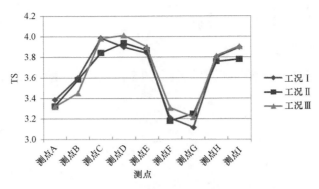

图5-36　欧洲新城各模拟工况测点TS平均值

11:30~15:00前各测点TS平均值均大于4，之后舒适度开始降低。整个住区广场12:30之后的4.5h的TS平均值为3.8614，高于上午4.5h计算值3.4971，在一天当中12:00左右的TS值略高于其他时间。

　　模拟工况Ⅱ中测点D的TS平均值最高为3.9387，最低值为3.1787，出现在测点F，与模拟工况Ⅰ有所差别，并且在统计数据的9h中，TS值大于4的时间点多于模拟工况Ⅰ。13:00左右TS值明显高于其他时间，较模拟工况Ⅰ推迟了1h。

　　模拟工况Ⅲ中测点D的TS平均值为4.0145，三种模拟工况中唯一一个值大于4的测点，最低为3.2179的测点G。在记录数据的9h中，12:00之前各测点TS平均值都小于4，12:00~15:00各测点TS平均值均大于4，之后舒适度开始降低，可见欧洲新城住区广场下午时间段的舒适度高于上午。结合之前分析列表可以看出只有模拟工况Ⅲ中测点E在13:00~15:00的TS值大于5。

3. 山水家园模拟工况分析

　　计算山水家园三种模型模拟工况的各测点TS平均值，计算结果见图5-37。

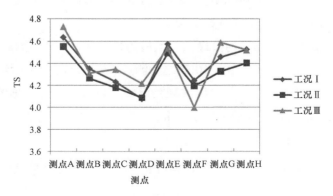

图5-37　山水家园各模拟工况测点TS平均值

综合可知：

模拟工况 I 中各测点的TS平均值相差不是很大，这与山水家园住区广场大部分时间没有被周围建筑阴影遮挡具有很大的关系。测点A的TS平均值最高为4.6343，其次为测点H、测点E、测点G、测点B、测点C、测点D，测点A和测点E两个测点在所有时间的TS平均值均大于4，户外舒适度好于其他测点。整个住区广场12:30之后的4.5h的TS平均值为4.3826，高于上午4.5h平均值4.3222，14:30广场的舒适度最高。

模拟工况 II 中各测点TS平均值最高为4.5510的测点A，最低为测点D，数值为4.0882。与模拟工况 I 有所不同的是在统计数据的9h中，TS值大于4的时间点少于模拟工况 I，说明整体微气候环境舒适度没有模拟工况 I 好。整个住区广场12:30之后的4.5h的TS平均值为4.2340，高于上午4.5h平均值4.3239，13:00左右各测点TS值明显高于其他时间。

模拟工况 III 中同模拟工况 I、II 一样，测点A的TS平均值4.7315最高，最低为4.2183的测点D。但是与模拟工况 I、II 不同的是整个住区广场12:30之后的4.5h的TS平均值为4.4185，低于上午4.5h平均值4.3011。同时发现只有模拟工况 III 的测点G与测点H在不同时间段内TS值大于5。14:00左右各测点TS值明显高于其他时间，比模拟工况 II 推迟了1h。

综合而言，从上述分析表中可以看出4月各住区广场户外热舒适度情况较好，TS值在2～5之间为舒适范围，模拟数据可见大部分时间各住区TS值均在舒适范围内。泰山小区、欧洲新城、山水家园三个住区是按照时间先后顺序排列的，可以看出随着时间由4月初到5月初，住区广场的TS值有显著的升高，户外热舒适度不断上升。

比较同一住区的不同模拟工况，可以看出各模拟工况之间存在一定的差异性。各测点之间的变化趋势在不同模拟工况中基本保持一致，但是各测点在不同模拟工况中差异明显，可以明确地看出户外热舒适度的改变。

通过以上分析，ENVI-met模型模拟获取的数据有效，具有分析研究的价值，为接下来研究微气候环境改善的相关性分析提供了可靠依据，并且为通过户外热舒适度的变化对微气候改善幅度予以量化提供了数据支持。

5.3.3.3　各模拟工况户外热舒适度对比分析

本书采取Givoni的户外热舒适度模型建立微气候改善与微气候因子的量化关系，其改善的幅度体现在户外热舒适度的提升。每个住区的三种模拟工况中，模拟工况 I 代表的是现状住区广场，模拟工况 II 和模拟工况 III 代表两种模拟情况，所以，用TS I、TS II、TS III 代表整个住区广场微气候户外热舒适度，微气候的改善幅度为TS I、TS II、TS III 之间相互差值。

通过以上各模拟工况的各测点TS平均值计算，可以从折线图上直观地看出各模拟工况的变化趋势，但是同一个住区各模拟工况在模拟时间内户外热舒适度改变了多少，还需要进一步计算各模拟工况所有测点在模拟总时间内的平均值。

1.泰山小区户外热舒适度对比分析

通过计算，由表5-12可知泰山小区的TSⅠ为2.4425、TSⅡ为2.3106、TSⅢ为2.4992，三个模拟工况中，模拟工况Ⅲ的整体户外热舒适度高于模拟工况Ⅰ、Ⅱ。模拟工况Ⅲ与模拟工况Ⅰ的微气候改善幅度为0.0567，户外热舒适度得到了提升，而模拟工况Ⅱ与模拟工况Ⅰ的微气候改善幅度为-0.1319，可见模拟工况Ⅱ较模拟工况Ⅰ的户外热舒适度有所下降。

表5-12　泰山小区各模拟工况测点TS平均值

	测点A	测点B	测点C	测点D	测点E	测点F	平均值
模拟工况Ⅰ	1.9892	2.2632	2.8304	2.7856	2.7198	2.0666	2.4425
模拟工况Ⅱ	1.9580	2.2341	2.6370	2.5954	2.4572	1.9821	2.3106
模拟工况Ⅲ	1.9993	2.0724	2.9376	2.8645	2.9401	2.1814	2.4992

2.欧洲新城户外热舒适度对比分析

通过计算，由表5-13可知欧洲新城的TSⅠ为3.6380、TSⅡ为3.6145、TSⅢ为3.6573，结合上一小节的折线图，可以直观地看出欧洲新城三种模拟工况的户外热舒适度之间变化较小，但是也可以清楚地看出模拟工况Ⅲ的整体户外热舒适度高于模拟工况Ⅰ、Ⅱ。模拟工况Ⅲ与模拟工况Ⅰ的微气候改善幅度为0.0223，户外热舒适度得到了提升，而模拟工况Ⅱ与模拟工况Ⅰ的微气候改善幅度为-0.0235，可见模拟工况Ⅱ较模拟工况Ⅰ的户外热舒适度有所下降。

表5-13　欧洲新城各模拟工况测点TS平均值

	测点A	测点B	测点C	测点D	测点E	测点F	测点G	测点H	测点I	平均值
模拟工况Ⅰ	3.3872	3.6001	3.9864	3.8991	3.8410	3.2109	3.1182	3.8026	3.8969	3.6380
模拟工况Ⅱ	3.3256	3.5836	3.8430	3.9387	3.8691	3.1787	3.2497	3.7602	3.7815	3.6145
模拟工况Ⅲ	3.3185	3.4533	3.9827	4.0145	3.9007	3.3084	3.2179	3.8142	3.9058	3.6573

3.山水家园户外热舒适度对比分析

山水家园的TS值明显高于泰山小区和欧洲新城，通过计算，由表5-14可知泰山小区的TSⅠ为4.3877、TSⅡ为4.3130、TSⅢ为4.4063，三个模拟工况中，模拟工况Ⅲ的整体户外热舒适度高于模拟工况Ⅰ、Ⅱ。模拟工况Ⅲ与模拟工况Ⅰ的微气候改善幅度为0.0186，户外热舒适度得到了提升，而模拟工况Ⅱ与模拟工况Ⅰ的微气候改善幅度为-0.0747，户外热舒适度有所下降。

表5-14　山水家园各模拟工况测点TS平均值

	测点A	测点B	测点C	测点D	测点E	测点F	测点G	测点H	平均值
模拟工况Ⅰ	4.6343	4.3527	4.2332	4.0788	4.5732	4.2444	4.4588	4.5261	4.3877
模拟工况Ⅱ	4.5510	4.2654	4.1800	4.0882	4.4924	4.1957	4.3281	4.4032	4.3130
模拟工况Ⅲ	4.7315	4.3127	4.3458	4.2183	4.5355	3.9980	4.5889	4.5197	4.4063

综合而言，从上述分析中可以发现，三个住区模型模拟中，模拟工况Ⅲ的户外热舒适度均高于模拟工况Ⅰ、Ⅱ，微气候环境得到了改善。三个住区模拟中各自的模拟工况Ⅱ户外热舒适度最低，与模拟工况Ⅰ之间的微气候改善幅度为负数。结合三种模拟工况的模型建立标准，可以总结得出他们之间的共性：建筑物周围环境不变的情况下，模拟工况Ⅲ的舒适度较高，模拟工况Ⅰ较低。究其原因，计算机模拟时对广场周围建筑物的高度进行了调整，这对周围的微气候环境产生了影响，两者之间存在相互制约的关系。

5.4　空间尺度模拟结果分析

5.4.1　空间尺度与模拟结果的相关性

通过上述内容的分析得出，各模拟工况中，模拟工况Ⅲ中住区广场的微气候环境得到了改善，各模拟工况之间的差异主要是由于模型建立时对周围建筑的高度进行了调整，但是具体对微气候因子产生了哪些影响，还需要进一步的研究，所以，通过分析各住区ENVI-met模拟分析图来探讨造成微气候改善的原因。

通过模拟分析图的研究发现ENVI-met模拟数据的18个时间点相互之间存在共性，因为数据过多，本章节选取泰山小区为研究对象，选取住区广场活动人数较多的3个时间点进行分析，分别是10:00、14:00、17:00。

5.4.1.1　住区广场空间尺度对热环境的影响

图5-38是泰山小区4月9日10:00三种模拟工况的位温分布图。结合统计数据比较该时刻各模拟工况的温度，可以发现各测点之间温度存在一定的变化规律。模拟工况Ⅰ中仅有测点B的温度高于9，为9.2292，测点2位于广场西侧，可以发现广场西侧的温度高于东侧温度。从图（b）中可以看出模拟工况Ⅱ住区广场内部及周围温度在8.6~8.9区域内的面积明显高于工况Ⅰ，住区广场的整体温度有所下降，这说明降低周围建筑高度后，住区广场的温度略有下降。从图（c）可以看出，相比于模拟工况Ⅰ和模拟工况Ⅱ，温度在8.6~8.9范围内的面积减小，8.9~9.2、9.2~9.5、9.5~9.8范围内的面积明显更大，温度有了较为显著的增加。在模拟工况Ⅲ中，温度高于9的测点有5个，数量远多于其他两种模拟工况。

　　由此可以看出，通过调整住区广场周围建筑的高度，改变住区广场与周围建筑的空间尺度，对热环境产生了一定的影响，就热环境而言，同一时间的住区广场空间尺度在1：1时温度高于空间尺度2：1与3：1。

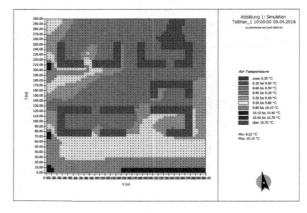

（a）模拟工况Ⅰ位温分布图

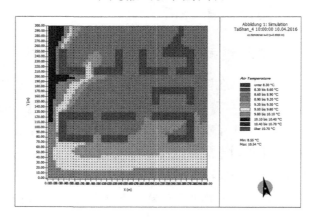

（b）模拟工况Ⅱ位温分布图

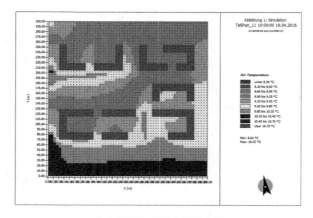

（c）模拟工况Ⅲ位温分布图

图5-38　泰山小区各模拟工况10:00位温分布图

5.4.1.2　住区广场空间尺度对风环境的影响

在住区规划设计中，风环境对室外环境的舒适性影响很高，风环境也成为对微气候研究必不可少的因素之一。住区广场的风环境对适用人群的舒适性的影响主要表现在风对居民使用广场频率及行为活动产生的影响。居民在住区广场的某一位置活动时，身体感觉是否舒适，除了上述热环境影响外，也取决于该位置风速的大小以及区域周围风速的分布情况。

风环境与住区的建筑布局、地理位置、楼间距等因素之间存在着紧密的关系，本书利用 ENVI-met 软件进行模型模拟时保证各模拟工况的基本条件相同，只对住区周围建筑的高度进行了统一的调整，进而分析住区广场与周围建筑的空间尺度之间的关系。

图 5-39 是泰山小区 4 月 9 日 10:00 三种模拟工况的风速分布图。结合附表的统计数据比较该时刻各模拟工况的风速变化情况。由图（a）可以看出模拟工况 I 中测点 A、B、C、D 风速维持在 3 ~ 4m/s 之间，测点 E 的风速 4.0311m/s，是所有测点中风速最大的一点。模拟工况 II 中各测点风速较模拟工况 I 相比，各测点均升高，在图（b）中，可以看出 4.1 ~ 4.4m/s 区域的面积比图（a）有了明显的增加，可以说明降低周围建筑后，同一时间的住区广场的风速变大。从图（c）中可以看出模拟工况 III 的风速降低，所有测点风速均低于 4m/s，从舒适度角度考虑，风速大小适宜。

从各风速分布图中也可看出由于建筑物的遮挡，山墙之间的通道成为风流动的主要通道，入口处的风速提高，直接影响了与之相对的广场区域，使这一区域内的风速显著增高。

由此可以看出，调整住区广场周围建筑的高度之后，对风环境的影响显著，各模拟工况的风环境与热环境规律相似，就风环境而言，同一时间的住区广场空间尺度在 1∶1 时风速高于空间尺度 2∶1 与 3∶1。

5.4.1.3　住区广场空间尺度对太阳辐射的影响

图 5-40 是泰山小区 4 月 9 日 10:00 三种模拟工况的太阳辐射分布图。

结合附表的统计数据比较该时刻各模拟工况的太阳辐射变化情况。由图可知，建筑物的高度直接影响建筑周围区域的太阳辐射，不同模拟工况在同一时间太阳辐射强度小于 100W/m² 的面积显著不同。

就住区广场所在区域而言，各模拟工况太阳辐射情况较为接近，10:00 各测点均处在太阳直射条件下。通过对所有数据研究可以发现在个别时间点部分测点会处在建筑物遮挡所形成的阴影下，其太阳辐射强度一般会小于 100W/m²，这会造成此区域的温度有所降低，但同时发现风速也会下降，也会造成户外舒适度降低。

虽然在同一个广场中，个别测点在模拟状况 III 中处于阴影下，太阳辐射强度相比于模拟状况 I、II 较差，但是其温度与风环境好于模拟状况 I、II，户外热舒适度值高于

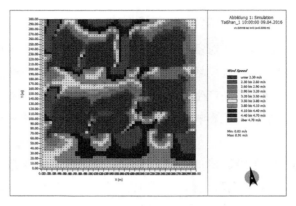

（a）模拟工况 I 风速分布图

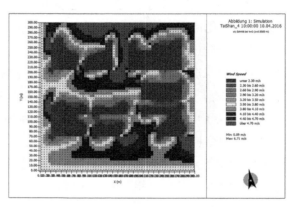

（b）模拟工况 II 风速分布图

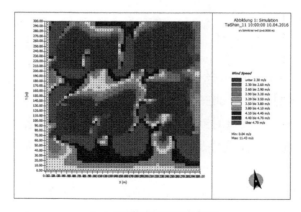

（c）模拟工况 III 风速分布图

图5-39　泰山小区各模拟工况10:00风速分布图

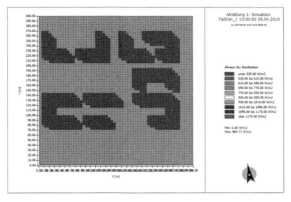

（a）模拟工况Ⅰ太阳辐射分布图

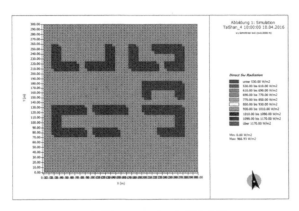

（b）模拟工况Ⅱ太阳辐射分布图

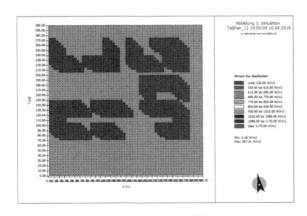

（c）模拟工况Ⅲ太阳辐射分布图

图5-40　泰山小区各模拟工况10:00太阳辐射分布图

模拟状况Ⅰ、Ⅱ。

由此可以看出，改变住区广场与周围建筑的空间尺度，对太阳辐射的影响显著，建筑越高，会增加住区广场处在阴影下的面积与时间，就太阳辐射而言，同一时间的住区广场空间尺度在3∶1时温度高于空间尺度1∶1与2∶1。

5.4.2 适宜的住区广场空间尺度探讨

通过对以上各住区广场模拟工况的微气候改善幅度差异性分析可知，住区广场与周围建筑的宽高比对广场微气候环境具有显著的影响。在本研究中，通过对哈尔滨现状住区的调研数据分析，选取6层住区为主要研究对象，并基于实测住区，调整住区广场周围建筑高度，进行模拟模型的建立，控制住区广场周围建筑层数为4层与11层。根据模型模拟及结果分析，发现住区广场周围建筑在11层，即住区广场与周围建筑的宽高比约为1∶1左右时户外热环境较为舒适，居民满意度较高，微气候环境与广场周围建筑层数在6层与4层时相比得到了一定的改善，空间尺度这一主导住区广场规划设计要素的变化与微气候环境改善之间的相关性分析成立。

综上所述，根据前文的研究结果可知，对于哈尔滨新建住区，充分考虑微气候环境改善与居民使用舒适度，住区广场与周围住宅的宽高比以1∶1为宜，建议住区广场周围的单元楼及附属建筑以高层为主，楼层以11层左右为佳，从住区使用者的心理和生理的感受出发规划设计以人文本的住区广场，增加空间利用率和户外热舒适度。

5.5　本章小结

本章从哈尔滨市中心城区住区广场的基础研究入手，利用卫星地图对哈尔滨市主城区的住区广场进行了整理与分类，在此基础上选取了本研究实测与软件模拟的住区样本；随后对住区样本开展微气候环境因子的实测与住区舒适度的问卷调查；之后采取Givoni的户外热舒适度模型公式对实测数据进行计算分析，同时对问卷调查的舒适度分数进行整理，通过调整三个住区广场与周围住宅的空间尺度，建立不同模拟工况，借助ENVI-met作为模拟软件，对各工况进行模拟，从模拟结果中提取了影响微气候环境的模拟数据，并利用Givoni的户外热舒适度公式对各模拟工况数据计算，通过户外热舒适度的变化对微气候改善幅度予以量化，之后对主导住区公共空间规划设计的空间要素与微气候环境数据进行了相关性分析，并根据分析结果从住区公共空间尺度层面对规划设计提出策略。

第6章　严寒地区城市住区公共空间设计策略

严寒地区城市四季分明，冬季漫长寒冷，夏季较为炎热，春夏季节短暂且气温起伏波动较大，适宜使用者开展户外活动的季节较短。足量且高质的户外活动对使用者的身心健康至关重要。对居住小区公共空间设计而言，如何同时满足不同季节的需求、如何基于气候因素进行个性化设计，以积极促进户外活动，是应该重点关注的问题。本章主要围绕这一问题展开，提出相应的住区公共空间设计策略。

前文提到过，人在外界物质环境的刺激下，结合其自身的特点，会形成不同的主观感受，产生不同的需求，进而产生不同的行为反应并与周边环境进行互动（图6-1）。住区物质空间环境为居民的日常行为发生提供了场所，空间环境的设计要以居民的实际需求为出发点进行考虑。居民对空间存在多方面的需求，如舒适性、归属感、安全性、私密性、审美和文化需求等（图6-2），设计时需要满足使用者不同的需求，以提升使用者对空间的使用体验，提升居民参加户外活动的参与度。因此，改善严寒地区住区公共空间的现状要从居民需求着手，对使用者进行调查分析，剖析其整体和个性化需求，之后对其影响要素进行适应气候的人性化设计。

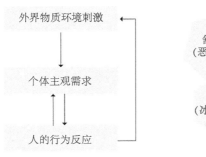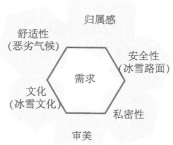

图6-1　行为与空间活动模式　　　　图6-2　居民对空间的需求

严寒地区城市住区公共空间对气候的适应关系包括两个方面：通过适当的规划和设计手段对不利的气候环境进行主动干预；充分利用当地的自然气候资源。本章针对严寒地区城市住区公共空间（包括居住小区空间组合方式和外部空间构成要素）的设计策略，从宏观的场地规划、中观的公共空间规划与设计，以及微观的环境设施与小品设计几个方面进行探讨。

6.1　住区场地规划与设计

场地规划与设计应充分考虑其所处地理位置的独特气候环境特征，最大限度地发挥气候优势，减弱气候环境带来的不利影响。如在炎热气候区应主要从防暑降温遮阳的角度出发进行场地设计，而严寒气候区的设计则应更多地关注冬季防风防寒，同时兼顾夏季遮阴避暑，以提升户外季节使用效率。本节重点研究适应严寒地区的住区场地规划与设计。

6.1.1　住区场地规划设计的影响因素和设计原则

进行场地设计时首先考虑的是其承载的功能。场地应包括满足场地功能所需要的一切设施环境。这些环境主要包括自然环境、人工环境和社会环境三大方面。具体而言，自然环境又包括气候条件、地形地貌等；人工环境主要包括改造的空间环境、历史遗迹、基础设施等；社会环境主要包括历史人文环境、社区环境及社会网络构成等。

6.1.1.1　场地设计的影响因素

1.气候条件

一般来说，人们通常所指的气候是指地区多年间大气的一般状态。它既反映平均情况，也反映极端情况，是多年间各种天气过程的综合表现，由太阳辐射情况、下垫面性质、水汽环流和人类活动等因子长期相互作用形成。具有相对稳定的天气循环模式，具有长过程（最短年限30年）相对稳定的，时（四季、二十四节气、七十二候）空（低纬、高纬、陆地、海洋、高山、盆地）尺度大的特点。气候最显著的特征是年度、季节和日间温度变化。这些特征随纬度、经度、海拔、日照强度、植被条件以及海湾气流、水体、积冰和沙漠等影响因素的变化而变化。

气候条件对场地设计的影响至关重要，巧妙利用气候要素进行场地设计可以充分彰显地域特色，而不当的设计可能会导致不良的场地气候环境，进而影响场地的使用。因此，应对气候条件进行充分认识。首先需了解所处地区的宏观气候背景，所处的气候区特点，包括寒冷或炎热程度等多年的气候变化特征，还需要明确具体的气候指标，包括常年主导风向、降水量的大小、冬季的雨雪情况等。在宏观气候背景下，由于场地周边环境存在差异，场地内会形成特定的微气候。设计师需要充分认识到不同影响因素对微气候的作用，充分发挥其调节作用。设计师应充分调用场地中的各项物质要素，尤其是对建筑物的规划布局，不仅要考虑建筑群体的组合布局，还要对单体建筑的平面形态进行推敲。住区建筑群体布局一般分为行列式、围合式和组合式三种形式，严寒地区城市住区建筑群一般采用围合式的布局形式，可以有效阻挡寒风，形成相对封闭的空间。建筑单体则以集中式布局为主，从集中式布局的建筑平面形式来看，其建筑物的外表面积小，可减小建筑物体形散热系数，利于冬季保温。场地布局时还应充分考虑日照需求。根据当地的日照标准合理确定日照间距。在场地北侧也可以考虑布置高层建筑，防止冬季冷风的不利侵袭。建筑物的朝向应同时满足日照和风环境的需求，严寒地区多采取南北向，以有利于冬季获得更多日照，同时也可防止夏季的西晒。建筑物布局还应考虑建筑与场地的整体关系，充分满足室外活动场地的气候需求，例如可以通过绿植等手段防止或减弱冬季冷风对场地的侵袭（图6-3）。

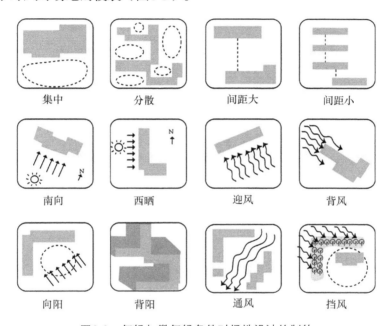

图6-3 气候与微气候条件对场地设计的制约

2.地形地貌、自然资源与社会环境

不同的地形条件，对场地的功能布局、道路的走向和线型选择、各种工程管线的铺设，以及建筑组合布局形态的选取等都有一定的影响。对基地地形进行彻底改变，一方面会使土方量大幅增加，提高建设造价；另一方面，容易造成基地周围自然环境的生态破坏。因此，要兼顾经济合理和生态保护，就要在场地设计时尊重原始地形条件，因地制宜。在进行场地设计时，地形的变化程度决定其对场地设计的制约作用，一般而言，地形较平坦、变化较小时，场地设计的自由度相对较大，设计选择余地也较大（图6-4、图6-5）。

基地及其周边的自然资源是场地环境设计的天然宝藏，对其进行科学规划及合理开发，能创造独具特色的设计形式和景观。此外，基地在历史发展中留存下来的历史文化印记也是场地环境设计的条件，会在一定程度上影响环境设计格局及未来的环境建设。

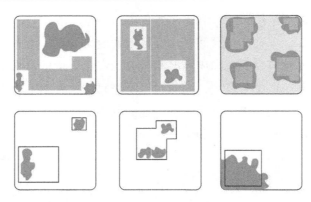

图6-4　地形对场地分布及布局结构的制约

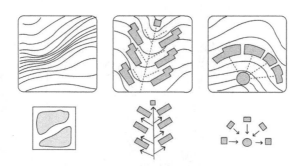

图6-5　地形条件对场地设计的制约

6.1.1.2　场地设计的原则

1.符合居住区规划相关的法律法规要求

场地的总体布局,如小区出入口数量及位置、车行道及人行道的线路与走向、建筑单体的体型、层数、朝向等,以及有关建筑间距和环境控制指标,均应满足城市规划的要求,并与周围环境协调统一。场地布局中应合理组织人流、车流,尽量采用人车分流的交通方式,并尽量减少其相互间的干扰。其内部交通组织应与周围道路交通状况相适应。建筑物之间的间距,应按日照、通风、防火、防震、防噪等要求及节约用地的原则综合考虑。建筑物的朝向应合理选择,严寒地区避免西北风和风沙的侵袭。散发烟尘、有害气体的建筑物,应位于场地下风方向,并采取措施,避免污染环境。

2.满足居民生活的使用功能

公共空间设计应满足使用者的需求,因此,在进行住区公共空间设计时,要从住户的年龄、职业、爱好、文化背景等层面出发,充分考虑人群对情感、信息交流的需求,提供良好的户外交往机会。哈尔滨作为典型的寒地城市,户外公共空间设计相对呆板,对舒适度考虑不足,另外,受气候影响,户外空间使用率偏低。公共空间场地布局应以增进邻里关系为目标，强调以人为本，功能分区设置合理，交通流线清晰，避免人群在使用过程造成相互干扰。

3.满足自然环境的可持续发展

可持续发展的要求强调，对资源的利用在满足当下发展要求时，还要满足未来人们对资源的需求，资源是能够不断被传承的，表现为经济、社会、环境各自及整体的可持续发展。就寒地城市住区户外空间而言，设施配置不仅要满足个人需求，还要满足邻里群体需求，改善户外交往空间使用率低、空间资源浪费的问题，从而做到空间资源的可持续发展。设计中要充分考虑儿童、青年、老年对户外活动的需求，真正使场地空间设计得有意义。另外，户外空间绝大部分被绿化空间占据，人们在夏季可以选择乘凉的绿化区域或者以观赏为主的绿化区到冬季多成为大片空地而不易引起人们的注意，随着时间的推移，绿化区则会变成失落区，户外空间就失去了其可持续性。寒地城市受冬季风影响，户外空间设计时还要避免尺度过大，否则室外防风困难，也会降低使用率，造成空间浪费。

场地环境一方面影响项目本身的景观塑造，另一方面也直接影响城市风貌。因此，在进行场地设计时，还要从城市的大环境出发，充分利用城市自身的自然环境建设条件，同时考虑人群需求，满足自然环境的可持续性。

4.气候适应原则

气候适应原则在寒地城市主要表现为，针对夏季和冬季的气候条件，采用各种手法改善物理环境，从而使户外空间宜人、舒适。例如，夏季处理好遮阳和通风，冬季做好向阳和防风。以哈尔滨为例，虽然夏季时间短，但是夏季是进行户外活动的良好季节，因此，做好小气候设计意义重大。但是，长达半年的冬季会阻碍人们进行户外活动，设计中要考虑如何通过户外微气候设计创造交往机会和延长交往时间，比如注重对室外温湿度、日照等设计，做好安全防护设施，还可以结合城市冰雪文化活动设计相应的室外活动项目。

6.1.1.3　场地构成要素

根据场地内部地块使用方式和功能的不同，将用地分为住宅用地、公建用地、交通用地、室外活动场地、绿化用地、预留发展用地、其他用地等几种类型。

住宅用地：场地内用于布置住宅的用地（含住宅基底占地及周围一定距离内的用地）。场地条件、住宅选型、朝向、间距、层数、组合方式、绿地、使用者需求等因素，均是进行住宅规划设计时需要考虑的。

公建用地：场地内用于布置公共服务设施建筑（简称"公建"）的用地（含公建基底占地及周围一定距离内的用地）。住区内的配套公共服务设施建设要与住宅规划、建设同步进行，并与其人口规模对应，具体包括教育、医疗卫生、文化体育、商业服务、金融邮电、社区服务、市政公用和行政管理及其他共八类设施。

交通用地：场地内用于布置人、货物及交通工具通行的用地，包括道路用地、集散用地和停车场。交通用地在规划建设中，要基于基地的自然环境条件，考虑城市交通系统及居民的交通出行方式，选择经济、便捷的交通体系。

室外活动场地：场地内用于布置便于居民进行体育运动、休闲活动的用地（含运动场和休息用地）。

绿化用地：场地内用于布置绿化、水面、小品等用于美化环境的用地，一般以绿地为主（含植物园地、绿化隔离带等生产防护绿地）。

预留发展用地：场地内为未来发展预留出的用地，与场地的近远期建设匹配。

其他用地：场地内用于布置市政设施等构筑物的用地，占地比例相对较小。

在组织场地功能时，应避免用地重叠造成的浪费，完善功能组织。

公共活动空间的环境设计，应处理好建筑、道路、广场、院落绿地和建筑小品之间及其与人的活动之间的相互关系（图6-6），为使用者提供良好的空间环境，满足使用者对空间的多样化需求。

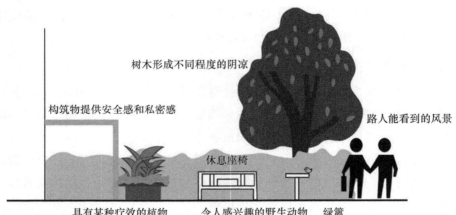

图6-6　室外环境以及其中的植被和构筑物
资料来源：Stoneham J, Thoday P. Landscape Design for Elderly and Disabled People[M].
Berlin: Antique Collectors Club, 1996.

6.1.2　严寒地区住区场地总体设计

6.1.2.1　场地开发模式设计

居住区规划布局的实际形态可概括为面状布局、轴线式布局、放射式布局、围合式布局和集约式布局。

面状布局：住宅建筑在尺度、形体朝向等方面具有较多相同因素，并以日照间距为主要依据构成紧密联系的群体，它们成片成块成组团地布置，不强调主次等级，形成片块状布局形式。这种布局常按照体制规模划分地块，各地块配以相应的公共设施，形成"居住区—居住小区"或"居住区—居住组团"或"居住区—居住小区—居住组团"的体制结构。

轴线式布局：空间轴线可见或隐性，可见的轴线常以线性的道路、绿带、水体等构成，轴线不论虚实都具有强烈的聚集性和导向性。一定的空间要素沿轴对称或平衡布置，形成具有节奏的空间序列，起着支撑布局的作用。运用轴线式布局的手法，可以将公共服务设施或绿带布置于轴线的两端或主要道路的交叉口，形成聚合力很强的居住区中心，利用绿带作为轴线，可以将居住区内的绿带与居住组团的绿地形成贯通的体系。

放射式布局：将一定的空间要素围绕占主导地位的要素排列，表现出强烈的向心性，易于形成中心。这种布局形式较多用于山地，顺应自然地形布置的环状路网形成向心的空间布局，从而获得良好的日照通风条件和开阔的视野。

围合式布局：住宅沿基地外围周边布置，形成一定数量的次要空间并共同围绕一个主导空间，构成的空间的入口可根据环境条件设于任何一方。该布局下主导空间一般尺度较大，统率次要空间。围合式布局可以形成宽阔的绿地和舒展的空间，日照、通风和视觉环境相对较好。

集约式布局：将住宅和公共配套设施集中紧凑布置，并开发地下空间，使地上地下空间垂直贯通，室内室外空间渗透延伸，形成居住生活功能完善、水平—垂直空间流通的集约式整体空间。集约式布局节地节能，对于一些旧城改建和用地紧缺的地区尤为适用。

场地的开发模式设计应形成易于识别的场地总体模式。根据亚历山大等在《建筑模式语言：城镇·建筑·构造》中的表述，为使寻找路径更加方便，场地规划应建立一种让居民和来访者都易识别的总体模式。如放射状设计一般都具有很强的特征，能增加方位感和可识别性，轴线设计也能通过简单的识别标志提高方位感（图6-7）。应提供不同空间层次的开发模式。从公共到私密的空间层次场地开发模式可以提升场所感和对共享空间以及组团和单元的所有感，这些层次与大的总体空间模式成为一个整体（图6-8）。应创造和提供活动地带。住区内各种不同层次的活动场所能增加人们的邻里感和归属感，这样有助于人们对地块总体布局和焦点活动的理解，这些地带包括小区活动中心、组团活动空间和住宅单元活动空间。一般来说，与蔓延式相比，紧凑的或中心化的场地规划模式更加可取，紧凑式场地规划模式能够使场地设施和所有的住宅单元之间联系更加方便直接。

6.1.2.2　交通系统设计

合理规划道路布局。住区道路应结合建筑组织规划，当住宅正南正北布局时，南北方向的道路日照均匀，应避免东西走向道路，因为日光刺眼易导致交通事故。道路是住区的通风廊，道路网的设置直接影响住区的风环境的形成，因而住区应当结合道路网布

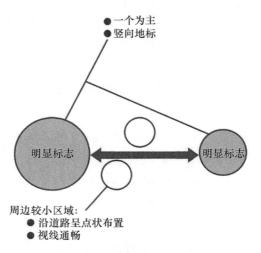

图6-7　以标志增加方位感

资料来源: Carstens D Y. Site Planning and Design for the Elderly: Issues, Guidelines, and Alternatives[M].
New York: Wiley, 1993.

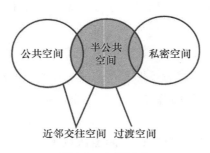

图6-8　空间层次

局组织风环境，形成适宜的风压、风速，冬季避风、夏季导风，保证住区空间的自然通风。主要道路应平行于夏季盛行风，还应该避开冬季主导风。哈尔滨市的夏季主导风为东南风，冬季主导风为西北风，应使道路与主导风形成一定角度，组织住区内的风环境，形成导风和阻隔风环境的格局。

建立方便安全的循环交通系统。设计应该为使用者提供从各住宅单元到停车场、社区中心和其他主要服务设施最直接和方便的到达方式。这在气候恶劣的环境中非常重要，因为在风霜雪雨、严寒酷暑中长时间步行会给大多数使用者带来危险。步行、车行和自行车环状系统的布局要建立一种易于识别的模式，就像场地规划的总体布局一样。步行系统的总体布局应通过开发成为支线系统或是收集系统来达到这个目的。例如，从各单元引出的步行路可以集中到一起，集中到一起的步行路再集中形成主要路径。这种用路径使人们集中到一起的安排增加了人们碰面的机会，也为整个场地规划中所建立的从公共空间到私人空间的分级提供了支持。考虑到运动的自然流动性，应为场地内和场地外的设施提供简单直接的路径。通向居住单元的路不能从活动地带直接穿过，通向活动地带的路也不能穿过半私密的居住区。在布置通向娱乐设施的路径时要考虑到提供一种景观上的"目标"来鼓励人们行走。老年使用者视力差、反应慢，交叉的步行、车行和自行车路径系统会引起安全问题，因此，控制路径及步行道对安全及保卫很重要。这种设计应考虑到监视、安全和保卫的需要，使使用者可以从主路上看到活动场的情况。

　　小区内应避免过境车辆穿行，道路应通而不畅、避免往返迁回，并适于消防车、救护车、商店货车和垃圾车等的通行，有利于居住区内各类用地的划分和有机联系，以及建筑物布置的多样化；当公共交通线路引入居住区级道路时，应减少交通噪声对居民的干扰；在地震烈度不低于六度的地区，应考虑防灾救灾要求；应满足居住区的日照通风和地下工程管线的埋设要求；城市旧区改建，其道路系统应充分考虑原有道路特点，保留和利用有历史文化价值的街道；应便于居民汽车的通行；小区内主要道路至少应有两个出入口；居住区内主要道路至少应有两个方向与外围道路相连；居住区内必须配套设置居民汽车（含通勤车）停车场、停车库。

　　场地外部交通系统应满足场地有便捷的人行通道联系公共交通站点（图6-9）；场地出入口到达公共汽车站的步行距离不大于500m或到达轨道交通站的步行距离不大于800m（图6-10）；场地出入口步行距离800m范围内设有2条及以上线路的公共交通站点（含公共汽车站和轨道交通站）（图6-11）。

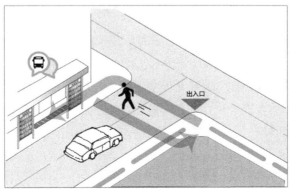

图6-9　场地有便捷的人行通道联系公共交通站点

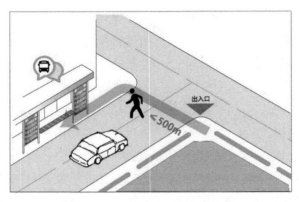

图6-10 场地出入口到达公共汽车站的步行距离不大于500m或到达轨道交通站的步行距离不大于800m

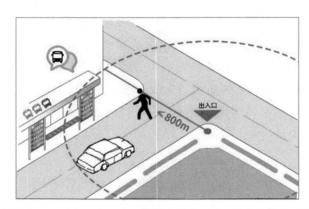

图6-11 场地出入口步行距离800m范围内设有2条及以上线路的公共交通站点
（含公共汽车站和轨道交通站）

6.1.2.3 场地出入口设计

1.主要出入场地的规划与设计

本节列出了场地规划中与使用者密切相关的出入场地的规划与设计，他们都是影响老年人生活的重要因素。出入口区域是场地中最活跃、使用最多的外部空间，在设计这些场地的时候，要考虑到各种相关因素的影响。场地的出入口对老年人、居民、访问者和社区都非常重要，在场地规划时，要考虑场地出入口的安全性、易识别性和易到达性。场地的开发类型和开发规模在很大程度上决定了场地出入口的数量和类型，场地的其他因素，如安全性、空间大小、周围街道和环境的特点，以及娱乐服务设施的位置也会影响到场地出入口的设计。对于规模较大的场地，场地的出入口应该提供标识，这样可以帮助居民和访问者快速地确认场地、找到出入口。为了易于进入场地或者因为场地比较大，通常需要多个出入口。如果提供了多个出入口，每一个出入口应该易于识别和区分。在有些情况下，场地的出入口也可能是比较陡的区域，特别是在一个只有一栋建筑物的、很珍贵的、空间比较小的城市场地。出入口的类型和大小应当与周围的区域协调一致，出入口应当容易识别，但也不能过于强调。要合理选择出入口的位置，通常主干道上的出入口容易识别和进入，次干道上的出入口更加安全，但是不容易识别和进入（图6-12）。为了保证安全，场地的出入口应该与道路交叉口保持一定的距离，并提供足够的视觉距离（图6-13）。

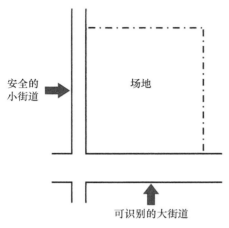

图6-12　次干道上的出入口更加安全，但是不容易识别

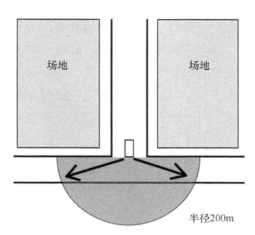

图6-13　为了保证安全，场地出入口要提供足够的视觉距离

　　场地出入口的设计还要考虑行人和自行车的进入，对行人、自行车和摩托车进行一定的分隔可以保证安全（图6-14）。应当在人行道上清晰地标识行人和自行车的交汇处。由于使用者对周围事物的察觉和反应特征，十字路口的信号灯应该为速度较慢的行人提供足够的时间。在交通繁忙的区域，良好的可视性对行人安全是非常重要的。

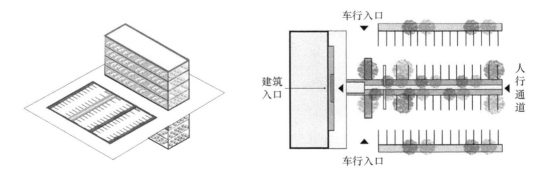

图6-14　场地出入口车行与人行入口设计

　　合理设置停车场所，并按下列要求设计：自行车停车设施位置合理、方便出入，且有遮阳防雨措施；合理设置机动车停车设施，采用机械式停车库、地下停车库或停车楼等方式节约集约用地；采用错时停车方式向社会开放，提高停车场（库）使用效率；在

停车场与建筑物主要入口之间设置人行通道。

2. 建筑及门庭的出入口

建筑物单元的门庭和其他主要的结构，对社区的整体形象和建筑物的入口很重要，应该由两个功能区域组成：一为进入和离开建筑物的入口道路；二为门外的座位和等候区域。在小的室内场地，这些功能区域和场地入口区域通常会结合起来。在社区和建筑物的主入口处经常有比较多的活动，使其成为休息和察看的区域或者短暂行走和跑步的区域。这个区域必须为行人、装卸货物、候车区域提供足够的空间。门庭应该位于能够最大程度抵御天气影响的位置，例如抵御冷风、高温和强光。在天气冷的时候位于阳光的照射之下，加速冰雪的融化可以很大程度上提高安全性。增加休息和等候区，增加进入门庭、街道和下车区域的风光，以及大厅对于进出车辆和行人的识别性，都很重要。此外，缺少交互性将会降低门庭区域的使用性。建筑物入口两边的休息和等候区域，为安全和方便进出建筑物提供了足够的空间。在入口和休息等候区设置仔细设计的分隔，可使进出建筑物的人减少被无礼监督感觉并提供舒适的谈话场所，同时，应该为入口道路提供景观。

建筑物的入口应该易于被发现。场地入口处的防雨棚或者顶盖可以在恶劣天气时提供保护，从安全和舒适的角度来说是必备的，顶盖下还可提供舒适的座位。休息和等候区域提供前檐，形成的小型封闭空间，可以对恶劣天气和外部的视线进行阻挡，这些区域和室内活动联系起来（例如大厅和长廊），有良好的景观，可以提高空间的社交性、舒适性和安全感。门庭应该和场地的道路处于同一水平线。下车区域应该提供停车栏以控制汽车的交通，应该避免台阶、路沿和路沿斜坡。场地入口道路旁应设置支柱和其他可以作为扶柱的垂直构筑物来为那些脚步不稳的人提供帮助，例如，一个安全而醒目的街灯柱可以提供休息的机会。为了安全和流通，照明是必需的，它应该照亮人行道的边缘，使得该区域不会有明显的阴影。对于建筑物入口来说，防滑和防反光是道路应优先考虑的。人行道的花纹和颜色宜增强可视性。

6.1.3　严寒地区住区建筑群体布局与局部设计

建筑的布置方式对住区的外部空间日照及风环境有很大影响，建筑布局需综合考虑多方面因素，包括用地条件、建筑间距、建筑类型、建筑层数、群体组合等，并结合道路景观整体布局。用地条件涉及广泛，其中影响住区布局的外部空间因素包括用地位置、地形等（图6-15）。住区规划应尽量不给周围环境带来不利影响，如应避开阴影面积过大或高大建筑阴影之下的区域，选择阳光充沛的区域。城市中的建筑密度影响风的走向，因此在住区规划时需考虑周围环境的布局和道路走向，将有利的风向合理引入，抵御不利风向。住区内的住宅布置需根据城市主导风布局规划。住宅间距需满足日照要求，综合考虑采光、通风、消防、防灾、管线埋设、视觉卫生等要求。建筑的规划布局与日照和风等物理环境密切相关，建筑间距、建筑朝向以及其排列的方式都能决定其接受的日照与风的强度。建筑的规划布局首先需满足建筑室内日照标准，同时住区外部活动空间也应得到适宜的日照时间、辐射强度以及风向、风压。住区规划中，住宅的朝向是设计考虑的重点，合理的建筑朝向布局能够保证建筑室内获得良好的自然通风和日照。当风向与住宅垂直时，住宅间距需在4倍于建筑高度以上，以保证建筑前后之间不遮挡，才能使建筑获得自由通风和充足日照。然而住宅间距过大会导致用地不合理和浪费，因此需要合理布局，在满足日照的基础上，解决通风问题。

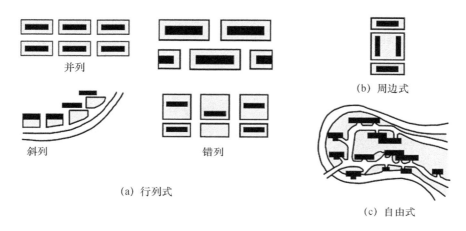

图6-15　建筑群体布局形式

6.1.3.1　户外空间组合方式

住区的布局形式有自身的规律，其建筑形体与风格一致，且具备一定的规模，在这样的规模中，更容易控制住区环境的外部空间的微气候，处理得当能得到舒适的热环境。基于严寒气候下适应使用者户外活动需求的住区环境，寻求适宜严寒地区的布局形式。可采用板式及院落式等围合感较好的建筑组合形式，以阻挡冬季寒风；建议控制高层建筑的合理定位，以减少高层建筑对公共绿地、步行街、广场等开放空间微气候环境产生的负面影响；应合理安排高层建筑的疏密度，以促进或阻滞空气流动并争取冬季日照；高层建筑的起伏度应背向冬季主导风，给内部空间带来温暖，迎向夏季主导风，便于将凉爽的空气引入到城市内部；依照哈尔滨冬、夏两季不同的主导风向，建议在各自对应的方位上进行高层建筑围合程度的调配，以满足不同季节对风这一要素的考虑，采用合理的建筑布局，营造舒适的微气候环境（图6-16）。

考虑建筑和室外空间的光照，建筑选址应该尽量减小在开放空间出现的阴影区以提供公共空间冬季日照。应降低街道与建筑的高宽比，减少对冬季太阳辐射的遮挡，避免形成街区内部的阴影区域。应避免在高层建筑的北侧设置活动空间（图6-17）。建筑及场地布设应阻碍冬季寒风，保障行人和步行交通区域的热舒适性，例如可通过高度渐变

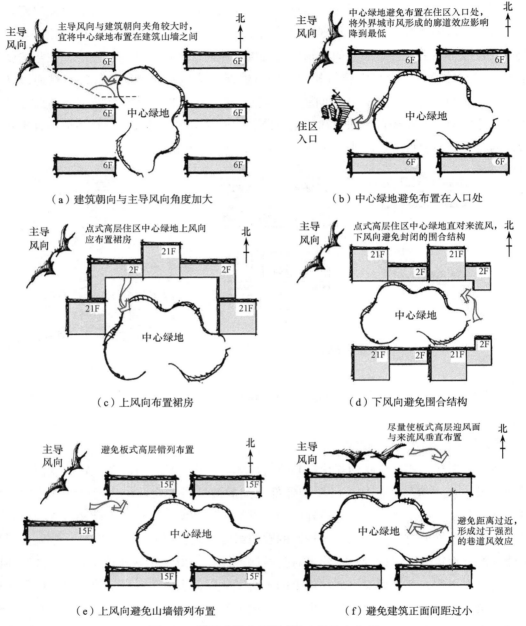

（a）建筑朝向与主导风向角度加大　　　　　　（b）中心绿地避免布置在入口处

（c）上风向布置裙房　　　　　　　　　　（d）下风向避免围合结构

（e）上风向避免山墙错列布置　　　　　　　（f）避免建筑正面间距过小

图6-16　常见建筑布局形式的布局注意事项

的建筑组合形式引入夏季风，阻挡冬季风（图6-18）。

　　高层建筑影响地面附近风的流动，并且建筑的角落、周边，以及建筑群体之间由于建筑布局的不同会产生风向变化、风速叠加、风压改变等情况，称为"高楼风"。建筑单体和建筑群体组合常出现的风环境特征和效应如下（图6-19～图6-21）。

　　角隅效应：当风吹向建筑时，风绕过建筑的迎风侧在其两侧或顶部形成风速突变区

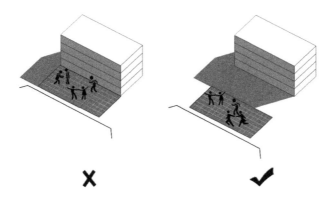

图6-17 避免将活动场地设置在阴影区域

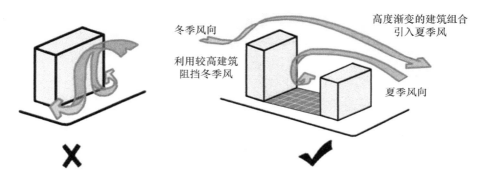

图6-18 以高度渐变的建筑组合形式改善风环境

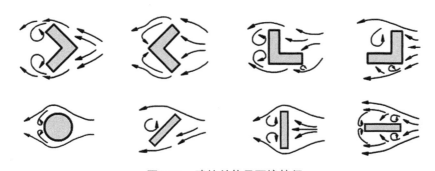

图6-19 建筑单体风环境特征

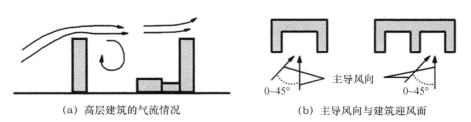

（a）高层建筑的气流情况　　　　（b）主导风向与建筑迎风面

图6-20 建筑组团风环境特征

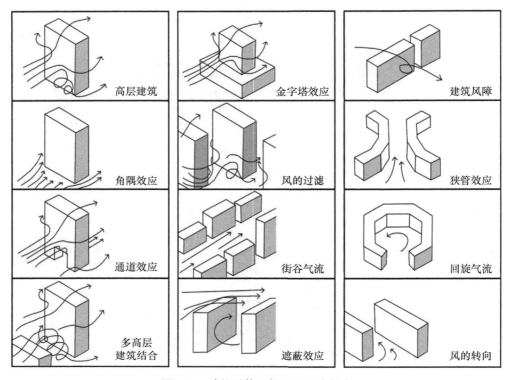

图6-21　建筑单体及组团风环境效应

域，风速加大形成强风，最大风速是来流风的2~3倍。角隅风是高层建筑常见的不利风效应，对行人安全造成威胁。

逆风：当风被高楼阻挡时，阻挡作用导致风的反向，由上至下形成垂直方向的漩涡，形成的下降风导致风速增加。

下冲风：风越过建筑物后因气压变小而在建筑物背风侧下降而形成的现象，下冲风的危害巨大。

气流停滞：建筑物的迎风面对气流的阻挡导致形成向上、向下流动气流，因而形成滞留区，此种现象会导致迎风面上的风形成涡流。

狭管效应：当两栋高层建筑相邻布置，风通过建筑间的通道时发生汇聚而形成高风速现象。此现象与风向、建筑间距、建筑密度关系密切，如建筑间距较小或风向与行列式布局平行，会加重狭管效应。

风影效应：形成于高层建筑的背风侧，建筑越高，形成的风影区越大，且风影区风速较迎风侧低得多。

涡流风：由于建筑平面形状的限制而形成于某些建筑四角处的风，风向变化十分复杂，风向连线形成一定回旋。

回流风：当建筑群体形成后，非迎风面的建筑对风会产生一定的影响，风向改变后与迎风面建筑的背风侧的风向进行叠加产生回流，从而对风速产生影响。

对冬季"高楼风"应采取如下的防风措施。首先是建筑平面和剖面形状的合理选择。在进行高层建筑平面设计时，为防止冬季"高楼风"的不利影响，综合考虑高层建筑室内使用者和户外行人两个方面的热舒适，采用凸面高层较适宜；在进行高层建筑剖面设计时，建筑基座突出有利于满足高层建筑的冬季防风需要，尤其有利于达到冬季户外行人的热舒适要求。其次是设置遮蔽物，例如将绿化树木、围墙、防风网、隔断式拱廊等设置在建筑易产生气流剥离的角部及其周围，用拱廊或遮篷连接步行空间，以缓解冬天天气对行人的影响。

6.1.3.2　局部设计

供居民使用的活动场地可建设包括商店、停车场、餐厅以及有雕塑、喷泉和绿化的休闲区的室内商业街，还可建设室内公共活动中心或室内花园来提供冬季的气候防护。应形成多样性强、覆盖面广、可达性强的开放空间系统，在形式上应点、线、面相结合。考虑不同季节的活动，结合不同人群的冬季交往健身需求进行公共空间的重点布局（图6-22）。

图6-22　使用者活动场地，设置老年人及儿童活动空间

建议在建筑物正面提供气候防护，运用树冠和拱廊遮蔽风、雪和冰（图6-23）；利用顶棚、柱廊或分段后退处理所形成的涡流空间削弱冬季寒风的影响，降低街道地面的冬季风速（图6-24）。

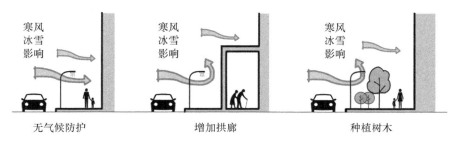

图6-23　建筑利用挑檐或拱廊减少气流的影响

图6-24　建筑利用顶棚、柱廊或分段后退削弱寒风

小区道路预留开敞的带状空间（如种植乔木形成林荫道），有利于引导夏季主导风进入小区内部；同时，在冬季主导风的迎风侧种植常绿植物，有利于阻挡不利冬季寒风进入小区内部（图6-25）。据测定，常绿乔木可削弱风力29%～65%。防护林应选择具有防风、防火、隔声、净化空气等功能的植物群落。

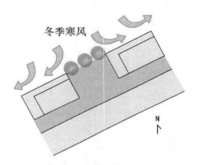

图6-25　种植植物遮挡冬季寒风

建筑的外表皮、建筑的形体的变化也会对周围室外环境产生一定的影响。在冬季主导风迎风面设计水平向的板状构件有利于高层建筑的防风，阳台或线脚的凸凹变化也可以减弱气流的剥离。朝南的退线提供舒适的口袋公园。入口处使用防滑材质，避免雨雪天给使用者带来的不便等（图6-26）。

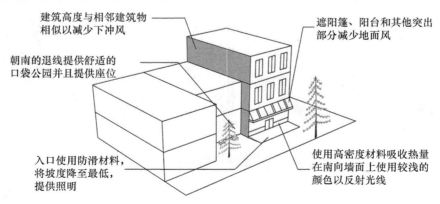

图6-26　单体建筑的细部设计

6.2　住区公共空间活动场地规划与设计

6.2.1　住区公共空间活动场地规划设计原则

1.气候适宜性原则

严寒地区城市地理位置特殊，由于所处的纬度较高，且受到西伯利亚冷空气的影响，冬季漫长寒冷、降雪频繁、长期低温，夏季闷热多雨，春秋短暂，这种严酷的气候条件给居住小区带来多重不利的影响。住区公共空间是居民日常活动的重要场所，应根据严寒地区气候的实际情况，趋利避害，制定有效的设计策略，满足使用者的基本需求。物质环境如冰雪路面、凋零的景观和设施冬季冰冷都导致冬季户外空间冷清、设施利用率低。要研究地方气候特点，克服其恶劣影响，让小区道路、景观和设施即使在冬季也能得到有效利用，实现其建设价值。物质环境要实现四季皆有用，延长居民户外活动时间，激发小区冬季活力。

气候是影响严寒地区城市环境设计的主要因素，在设计时不应抵抗排斥，甚至盲目仿效南方城市，而应该尊重气候特点进行适冬性设计。现阶段许多严寒地区城市小区户外空间环境设计在春夏季节有较好的环境体验，却忽视了冬季的季节因素。事实上，不尊重气候独立的设计是严寒地区城市小区设计的通病，也是严寒地区城市发展慢的制约因素之一。尊重严寒地区特殊的气候条件，按照其特点制定设计策略是发展趋势。除了利用植物、日照等进行气候调节外，还应加大力度开展冷气候应对技术研究，通过科技手段提升寒地小区的生活质量，打造四季宜居的严寒地区城市新生活。

2.人性化设计原则

要加强公共空间活动场地的冬季可识别性，利于人们被环境吸引而主动聚集并互动，同时应积极塑造能够提高居民能动性的可塑性空间，提升居民对于冬季小区责任意识。居民对空间功能有不同的选择偏好，场地标识要明确，体现出各空间功能，以便于居民选择，从而在喜欢的空间内停留。导引要清晰，尺度要适宜，要能够提供居民所需的环境认知信息。道路要符合便捷性，冬季户外停留时间越长人体舒适度越低，因此场地间应提供短途的距离选择，便于居民前往。路径要具有可持续利用性。所有空间环境的塑造都要满足居民的生理和心理需求，各个功能空间环境应富有魅力且易于识别、步行可达。让居民有机会对场地进行改造，建立主人翁意识。通过多种要素强化空间环境识别性，增强空间环境吸引力，让环境给予人更直接的刺激和影响，适应不同的兴趣爱好，让居民身心都投入到环境中，让环境可观可游、可玩可戏。

老年人由于生理和心理条件的变化，自身的需求与现实环境之间有了较大的距离，与环境的联系发生了障碍。无障碍环境设计是专为老年人及残疾人创造的增进性环境。

在有条件时应尽可能考虑无障碍设计的原则，以促进老年人生活质量的提高。同时，还可以通过一些特殊的处理使环境得到弥补和强化，减少老年人行动中的障碍。

3.情感化设计原则

社交需求是最能激活居民参与力的需求之一，在设计中应当予以重视。在严寒地区恶劣环境下生活的居民应当在环境体验上得到更多的弥补，以中和抑郁、孤独等情绪，住区户外空间环境应提供舒适开阔的活动空间，为人群邂逅提供更多可能和机会，根据居民的各种心理需求进行应对设计，让居民在户外能感受到被尊重、安全、舒适和人性关怀，完善的交往环境能提升居民的参与感、认同感和责任感。

室外活动场所是使用者与外界交往的主要场所，其位置宜选择在使用者易于相聚的地方，例如居住区步行道的交叉口、单元入口处，使居民有较高的见面机会。此外，邮局、菜场、老年公寓、文化中心附近等位置也是理想的交往场所。具有一定防护或半封闭的空间有助于使用者的社会交往。建筑物、构筑物和场地的组织和围合可以组成具有亲密感的社交空间，如U形和L形平面的空间以及住宅群体所围合的内向性空间，甚至一棵树的树冠、树干和地面产生的领域空间，也给使用者创造了一个舒适惬意的空间。空间应该有助于社会相互作用，一些空间应该能够易于满足使用者的使用要求。一般的场所规划和地形处理应创造一系列小的、更私密的空间。小空间更适于社会化，更易于流通、满足要求和掌控。它们一般比大空间更适合使用者，更受其喜欢，特别是对维护大空间有困难的那些能力弱的人而言。与活动的联系是空间使用的一个主要原因，尽管小面积的聚集场所倾向于鼓励社会相互作用和满足喜爱小空间的人们的要求，但这些场所不应该与活动分离开。有明确边缘或边界线的区域体现了区域清晰的程度，应该尽量避免没有定义的多功用的大空间，因为这类空间往往使使用者感到不安全和不确定。如果在大空间里巧妙地定义小的空间，就能够提供满足不同功能需要的大小不同的空间，并且大小空间可以根据使用要求相互转换。除了通过对区域特性进行操作的方式外，还可以运用竖向规划、纹理和颜色的平面改变等方法定义空间。室外交往空间应避免过强的阳光、热和风的干扰，选择适宜的朝向。如果场地只能向西的话，要做特别处理以减少阳光和过多的热。选择具有良好通风或避风之处，不宜选择有较强涡风的区域设置活动场地。

4.地域性设计原则

严寒地区城市具有其他地区城市不具有的地域文化，将城市的个性与文化融入环境，能够激发居民的认同感、归属感与幸福感，同时能够强化城市的积极形象。脱离文脉的空间环境设计会导致城市性格缺失，应避免"千城一面"，无论是冰雪文化还是城市悠久的历史文化，对于城市设计都是极好的背景依托。室外空间环境设计只有在认同历史文化、发扬地域特色文化的基础上进行，才能将消极转化为积极，在城市设计中塑造个性品牌。

6.2.2　严寒地区住区公共空间质量与户外活动

6.2.2.1　住区公共空间类型

划分类型有利于对住区交往空间进行系统、全面的分析，是进行交往空间设计研究的前提。住区公共空间类型按照使用功能、平面形态和空间系统进行划分，可以分成不同的类型。

1.按使用功能划分

（1）健身空间

运动健身是住区居民的经常性户外活动，大到住区中心广场，小到步行景观小道都属于运动健身类交往空间。开敞的广场空间是年轻人喜爱运动的场所。这类空间一般位于较独立的休闲运动场所，经常与绿化景观协调布置。

（2）休憩空间

休憩空间一般位于住区有特色的场所，如水池旁边，是观赏价值比较高的地方，成年人在此处散步、休息、聊天等，儿童在此游戏玩耍。

（3）消费空间

住区附近的或内部的休闲、消费行为空间，不仅出现在现代的住区中，在很久以前的住区中就已经存在，通常表现为商铺、商业街等形式，有临时性和固定性的特点。

2.按平面形态划分

（1）点状交往空间

点状交往空间是指具有点状形态特征的公共交往空间。相对来说，单个点状交往空间占据空间范围小且相对独立性较强，以零星的分布方式及多样性为空间特点，在住区户外交往空间中，以点状的形式分布在住区绿化景观空间、道路空间等，有绿化景观节点空间和交通节点空间。绿化景观节点，如宅前绿化间的景观亭、花架等景观设施空间，有供居民户外休闲、休息之用；交通节点空间，如多条步行道路相交的节点空间，有标识、引导行人和空间划分的作用，有些还可做临时休息之用。

（2）线状交往空间

线状交往空间是以道路线形形式为主体形成的交往空间，如人车混行道路空间和步行景观道路空间。以道路线形为主体形成的交往空间，是人们日常生活每天都要接触的空间，是重要的交往空间，在平面或竖向又有曲线和直线之分。与点状交往空间相比，线状交往空间也可以由若干个点组合排列而成，如若干个特色景观、排列的休憩凉椅等（图6-27）。

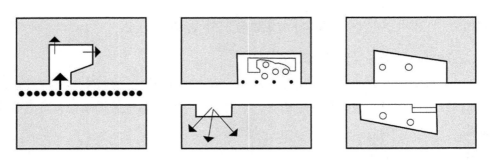

图6-27　步行路线中小空间的插入方式

（3）面状交往空间

面状交往空间是以开敞的广场空间或绿地空间等为形式，面积较大、综合性较强的户外交往空间。就功能来看，有休闲广场、文化运动广场、儿童活动场地等。就位置来看，通常位于住区中心、小区景观中心和组团中心。面状交往空间体现了人群集体活动特点，活跃了住区各地块的氛围。

3. 按空间系统划分

（1）住区中心空间

住区中心空间是为住区各类人群使用的空间，一般结合住区会所等公共建筑进行相应的配置，位于整个住区的核心位置，为人群集会提供宽敞集中的空间，吸引住区内部人群的同时，也促进了住区人群的沟通。在哈尔滨，冬季人们会选择中心开敞广场空间进行各种休闲娱乐活动，例如散步、聊天、运动、下棋等，交往活动频繁发生的同时，身心健康也得到了促进。

（2）住区院落空间

随着哈尔滨城市居住的发展，住区空间组织模式逐渐形成，居住空间一般以小区—组团—院落的三级空间组织结构较多，住区院落空间逐渐成为许多住区户外交往空间的普遍组织形式。院落是住宅赖以存在的基础，是人们每日出入的必经之地，是居民最近距离的室外空间，较方便人们进行户外交往与活动。宅前院落空间是人们户外休闲聊天的地方，配合景观亭、花架等休闲设施，成为人们夏日纳凉的好去处。

（3）住区街道空间

住区街道空间经常与休息座椅、路灯、标志牌等设施结合布置，体现了空间的多功能性和实用性。住区街道空间是城市道路空间的延续，同时也体现了住区的风貌特色，不仅能为人们提供丰富的交往与活动空间以及更多的游戏娱乐空间，还增强住区整体文化氛围、促进邻里交往。

（4）住区入口空间

根据住区的不同规模、不同性质，住区会出现不同形式的入口和入口交往空间。大体上，可以将住区入口空间归纳为三类：入户单元的入口、组团间的院落入口和住区的入口。在空间布置较好的住区内，会有一定形式的院落入口，以高档住区较为常见，不仅丰富了建筑围合的立面空间，也给院落过渡空间增添了乐趣。住区出入口，是住区外部空间与住区内部空间过渡的空间，有划分空间和保护性的作用，经常与入口广场或景观协调布置，对住区的交往活动有着重要的意义。

6.2.2.2　住区公共空间的户外活动

如表6-1所示，居民活动的三种活动类型对物质空间环境质量的要求均不同，受物质空间环境质量的影响程度也不相同。严寒地区居民的活动类型相较其他城市在冬季的确受到一定限制，同时也具有地域优势。地域限制包括冷气候导致的驻留时间短，以及道路冰雪路滑影响出行安全、降低出行热情等；地域优势包括冰雪特色元素可丰富空间环境、冬季可进行堆雪人、打雪仗、滑冰等寒地娱乐活动。应根据居民热爱的活动类型有针对性地制定住区设计策略，化劣势为优势，提高居民户外活动积极性。

表6-1　环境质量与室外活动关系

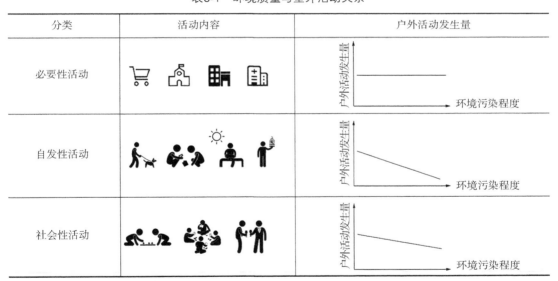

资料来源：王江萍，刘宪明.基于老龄人的室外环境研究[J].武汉大学学报（工学版），2001，34（6）：92.

居民的活动受物质环境质量影响，整体趋势是住区户外空间环境质量优则活动频率高。自发性活动受物质环境的影响最大，在冬季环境不满足居民出行要求时居民会选择拒绝外出；社会性活动也会受到物质环境质量的影响，其影响幅度仅次于自发性活动；必要性活动由于其客观必要性基本不受影响，但其出行路程的长短和困难程度会影响居民的负面情绪。必要性活动、自发性活动和社会性活动之间具有一定关联，并非独立存在，三种活动可能互相触发。必要性活动如等人属于较长时间活动，这个过程中如遇到邻里则会触发社交活动；自发性活动如冬季在小区散步时会触发和朋友聊天的活动。自发性活动和必要性活动可能会增大社会性活动被触发的可能性，社交性活动即使在冬季也具有极大的吸引力，所以增加户外空间驻留时间的根本方式是加大人群碰面机会、加大社交活动概率。优质的物质空间环境是可以提升居民的自发性活动热情的，进而带动社会性活动，形成良性循环，良好的邻里关系可以提高严寒地区城市住区的整体活性，给予居民更多的归属感与幸福感。

6.2.3　严寒地区住区公共空间活动场地规划与设计

满足室外活动空间的使用要求，为使用者提供良好的活动场地和完善的室外活动设施，需要从多个方面进行考虑。由于使用者的个人能力与偏好有很大的差别，室外空间应尽可能提供不同类型的、多样化的活动空间，还要考虑空间在使用上的娱乐性与兴趣性，为使用者社交活动提供机会（图6-28）。

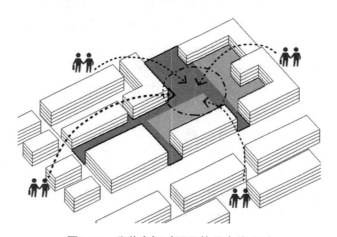

图6-28　公共空间对不同使用者的吸引

设计时，首先要协调冬夏两季微气候需求的矛盾。对于我国严寒地区，冬夏两个季节中使用者对室外活动场地的日照与通风有着截然相反的需求，在冬季希望获得暖阳并且避风（图6-29），夏季则需要适当的遮阳并利用风。可以利用冬夏两季太阳高度角以及冬夏季主导风向的差异，恰当选择合适的室外活动场地位置，同时满足冬夏两季的不同需求。具体设计操作中，一般可以通过分析夏季与冬季典型日的场地日照阴影情况和主导风向差异，寻找交集区域，进而确定场地或环境设施的具体位置（图6-30）。

其次，要营造易于识别的空间环境。室外空间的安排和设计应该方便定位和寻路。标识性的缺乏往往给使用者判别方位带来较大的困难，给室外活动行为带来一定的障碍。因此，在设计上应注意提供视觉、听觉、触觉，甚至嗅觉上的刺激，让使用者有充足的感官体验来增强方位感。室外空间设计应做整体考虑，为使用者提供一个易于识别的参考系统以便于定位和寻路。另外，活动场地标识性还可通过空间的层次和个性来创

图6-29　在冬季需要获得暖阳且避风

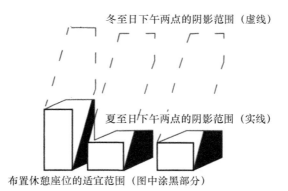

冬至日下午两点的阴影范围（虚线）

夏至日下午两点的阴影范围（实线）

布置休憩座位的适宜范围（图中涂黑部分）

图6-30　利用冬夏太阳高度角的差异合理确定休憩场地的位置

造，以合理的空间序列和利用使用者熟悉的道路等形式提高识别性。各种细部的处理，如材料、质感、色彩和形式的变化，也可以突出空间的特征和个性。设置标志物是另一种加强景观环境可识别性的辅助手段。

　　此外，要提供便捷的交通联系。任何活动场所，若没有方便的交通联系，将是没有生命力的，对于行动不便的老年人来说，这一点显得更为重要。环境要求人们适应社会和自然改变，改变越大则过渡或一系列过渡就越必要。很多使用者需要时间来判断和适应环境的改变。在室内和室外区域之间，在不同类型的室外区域之间，应该有舒适和便捷的连接过渡。在主要的室内空间和室外区域之间，入口过渡区域应该是可利用的。有条件的地方还可以提供座椅和观景平台，并且使使用者能够方便直接地到达室内和室外场地。通过考虑生理和心理对室外空间环境的需求，这些过渡空间提升了对室外场地的利用。处于两种不同类型室外场地之间的过渡区域应该为观赏者提供较佳的观赏角度，同时也应该为活动参与者提供舒适、安全的准备空间。室外空间的可被观察性是其被使用的第一个诱导因素，视觉上的接近和可达性，为身体的到达创造了条件，从而有利于增强空间的使用率。空间的过渡带设计非常重要，特别是当将大空间划分成几个小空间时。过渡带本身就起着导向作用，而且还可通过色彩变化、改变路面铺装、改变路面形式等手法暗示前方将到达另一区域。如果到达目的地的距离较远，行进路线较长，则宜在中途设置休息椅或休息区，以提高使用者到达目的地的可能性。

不同功能类型的活动场地承担不同的使用活动，因此应针对具体的活动场地进行更为细致的规划与设计。

（1）社交活动空间规划与设计

社交活动是使用空间最主要的原因。安全性、保卫措施、流通性、悠闲的步道和舒适的环境是所有社交活动空间设计的基本点，对于使用者来说，室外社交活动空间的社会参与性是最重要的。通常在社交空间和就座区域附近设置一个活动点是较理想的。公共社交空间组团和娱乐区域一起作为增加座位潜在性的活动中心，鼓励人们既参与到各种不同的活动中，又能和其他地方的居民聚集。足够宽敞的空间既能提供方便功能活动的区域，又能作为就座和观看的社交活动空间。舒适的就座环境能够使人更好地进行社交活动。绘画游戏和游戏桌能增强即兴演出和社会活动的兴趣，为室外使用的空间提供"理由"。将更多的私密空间提供给社交功能，能够给从事社交活动的人一种亲密感。连接边缘或边界的空间，常为社交活动提供更舒适的空间。从私人隐蔽处到公共就座区域的边界，都应该保证亲密性和私密感。社交场所设计应考虑的重要因素是安全保护和方便舒适社交场所常位于建筑物的出入口、步行道的交汇点和日常使用频繁的街区服务设施附近，以及组团绿地和小区公园等地方，并且这些场所的使用频率会因使用者年龄和性别的不同而不同，使用者最多的活动和交往空间以住宅周围尤其以建筑前庭院为主。交往场所很分散，如步行道的交汇点、服务设施附近、道路附近等。而公园或绿地的使用者多为健身、交往、散步、集体活动者。社交活动场所的设计要考虑无障碍设计以及交往空间的层次化（图6-31）。

不同属性的使用者对空间的需求和偏好存在差异，一般来说，女性比男性、老年人比年轻人更愿意利用公园。很多老年人不是仅满足于公园的自然环境，而是更希望有较多的活动项目来促进彼此间的交流，从中获得一种归属感。所以公园的设计应充分考虑他们的需求，为老年人提供经过策划的活动和游戏场所。对于宅前绿地空间，依空间的不同位置、不同形态合理安排使用功能，以座椅、凉亭、桌等小品为老年人尤其是高龄老年人提供室外休息空间。在组团绿地则可提供基本的健身和交往空间，如棋牌桌、座凳、基本健身设施等。设计应考虑的重要因素是方便安全和舒适。

（2）观赏空间规划与设计

对于增强使用者享受自然的意识，创造良好的景观观赏空间是必要的。享受自然和愉悦身心是密切相关的，这是许多使用者使用室外景观空间的重要原因。对于使用者，其活动方式各有所好，有些人喜欢从事自己花园的种植活动，有些人喜欢观赏公园或各种自然风貌，还有些人可能喜欢独处或喜欢不同的自然区域。自然区域可以提供各种各

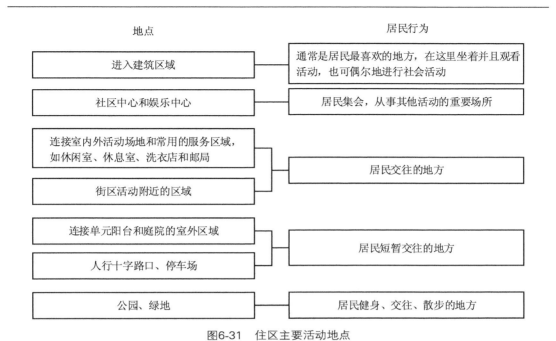

图6-31　住区主要活动地点

样不同的感受，通常较远的区域能够激发人们出门锻炼和探险，而建筑周围的景观空间则为出不了门的使用者提供了在室内看到休闲花园和自然区域的可能。这些景观空间里的多种植物随季节而变化。休闲花园一般位于室外社交场地附近，作为一个有吸引力的空间，为集聚结识更多的人提供了良好的机会。

在建筑物里观看室外活动和享受自然是比较受欢迎的活动，特别是在寒冷的冬季。因此，应该对各种活动场地进行全面的规划和设计，增加室内的空间和提供良好景观视线通道。室内和室外区域的视觉关系，不再仅仅强调观赏式的愉快性，还应增加使用者的室外活动可能性。

（3）娱乐健身空间规划与设计

愉悦身心和锻炼身体是很多使用者参与室外活动的首要原因。很多老年人由于身体原因而室外活动受限，特别是对那些容易感到疲劳的老年人，在树阴和太阳下的休息、观看和分享活动则特别重要。对于这些老年人来说，在室外时感受阳光或看看花草，或观看活动性较强的演出活动，对于健康是非常有益的。健身锻炼空间要满足使用者的不同需要，既要满足空间质量和空间关系的要求，又要满足健身娱乐设施的挑战性和变换性要求。锻炼身体的区域，特别是那些运动强度不太大的锻炼活动的场地，可以考虑接近老年人的住宅或者室内的共享空间，以促进各种能力水平的使用者使用，为室内社交空间提供最大的接触自然的机会（图6-32）。运动量稍大的室外活动的区域可布置在较远的地方，但是仍然要在主要的室内活动区域的视线范围以内，以增加室外活动对室内人群的感染力。

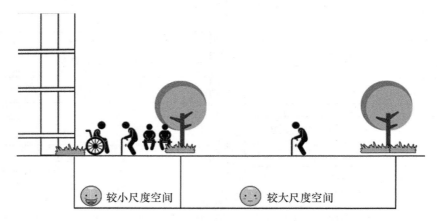

图6-32　行动不便的老人更喜欢小尺度空间，应为他们提供更私密的交往场所
资料来源：Leroy G H. Landscape Design: A Practical Approach[M]. Fifth Edition. Englewood: Prentice Hall, 2001.

　　散步、练拳和跳舞是使用者普遍爱好、合适而易行的活动，因此，散步道、活动广场、健身场等内容必不可少。这些场地通常设在可达性较强的社区公共绿地、院落、小广场等公共空间或半公共空间处。场地设计要考虑空间的过渡关系，使小的分区相互联系形成用于组群活动的大区域（图6-33）。平坦开阔、没有台阶和高差的园路适合使用者散步，设计应考虑坡度尽量平缓且路形上呈连续的曲线。在室外健身活动场地设计中，还应该考虑设置儿童使用的场地和设施，以活跃环境气氛。由于使用者的健康程度和自由活动能力的不同，锻炼活动设施设计中最重要的一点就是要多样化，提供多种形式的锻炼途径，使之适合使用。健身娱乐设施和设备的细部设计非常重要，例如，有层次感和明亮颜色的设施能够增加人们的参与感。

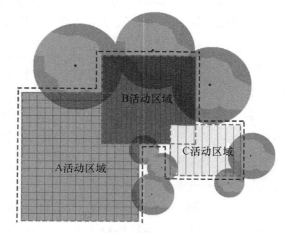

图6-33　小的分区相互联系以形成用于组群活动的大的毗邻区域
资料来源：Valin M. Housing for Elderly People: A Guide for Architects, Interior Designers and Their Clients[M].
London: Architectural Press, 1988.

6.3　住区公共空间绿化景观规划与设计

绿化空间是住区空间中的重要组成部分，良好的绿化环境不仅能够涵养水源、降噪除尘、调节微气候，还能为居民提供休闲娱乐和防灾避难的场所，同时又能够彰显其美学价值。

（1）降噪除尘，调节住区微气候。快速城镇化导致生态环境恶化，工业生产和汽车尾气的排放导致空气质量严重下降，各种有害物质悬浮于空气之中。绿色植物则能够有效吸附空气中的悬浮颗粒，吸收有毒有害气体，释放氧气，净化空气，还能够隔离噪声，减少噪声污染。植物的根能够起到固定土壤、防止水土流失、恢复土壤的生态效力的作用。植物还具有调节微气候的作用，植物对一定范围空间内的太阳辐射强度、温度、湿度和风速均产生调节效应，能够起到隔热防风、调节气温的作用，为使用者提供良好的室外生活环境。此外，部分绿色植物的分泌物还具有杀菌的作用。

（2）促进居民身心健康，提供休闲活动空间。绿化可以起到分割空间的作用，能够有效界定住宅、室外活动场地、道路之间的关系，还能够围合安静舒适的小空间，便于使用者休息。绿地空间中的各类设施可为老年人及其他人群提供运动、游戏、散步和休息等活动便利，丰富使用者的日常生活。花草树木的颜色与香气能陶冶情操，纾解压力，放松心情，对使用者的身心健康具有明显的帮助。

（3）具有防灾避难的作用。绿化空间能疏散人口，防灾避难，隐蔽建筑。如地震发生时，绿地可以作为居民的紧急避难空间。另外，有些植物还有过滤、吸收和阻隔放射性物质的作用，能降低辐射对人体的伤害。

（4）美化室内外景观环境。植物是构成居住区景观的主体要素，种类繁多的植物使住区的空间更为丰富。在住区绿地中，可以通过对植物的特性，如种类、叶形、高低、色彩等进行组合搭配，配置有季相变化的植物景观群落，以达到四季皆宜、丰富有序的住区植物景观。与此同时，还可以通过植物对垃圾桶等影响视觉美观的物体进行遮挡，使住区的整体景观和谐统一。

住区绿化空间对城市生态系统的平衡、城市形象的提升、人们身心健康的促进等具有重要价值。随人们的审美需求不断提升，住区环境景观呈现出多元化的发展趋势，环境景观设计应该更加关注居民生活的舒适性，不仅为人所赏，还应为人所用。

6.3.1　影响微气候的植物群落空间特征

植物群落作为具有一定数量、组合关系和空间形态的空间实体，其微气候效应类型虽与植物单体相同，但内在作用机理相对复杂，不同的空间特征对应不同的微气候效应。依照学者对景观空间特征的划分，植物群落空间特征可分为空间结构特征、空间布局特征和空间形态特征。群落空间结构是指群落内所有植物种类及其个体在空间中的数量和配置状态；群落空间布局是指在群落结构相同的情况下，组成群落整体的各个小植物群的分布方式，即行数列数开口位置、冠层距地面高度等；群落形态特征指的是群落的整体形状变化，与内部结构和分布方式无关。

1.空间结构特征

常见的研究植物群落微气候效应的结构量化指标有郁闭度（冠层盖度）、叶面积指数（LAI）、天空可视因子（SVF），这些量化指标更多地是从植物本身生物学特征（枝、叶密度）出发，大多衡量的是群落冠层结构特征。各国学者主要从垂直结构和水平结构两个方面对植物群落的生态效益进行研究。其中，水平结构特征多用于描述植物群落内植被的种植数量和种植方式，垂直结构多用于描述植物群落内物种的配置模式，每个结构特征分别对应不同的量化参数（图6-34）。其中，种植密度和群落丰富度是分别描述水平和垂直结构的重要参数。

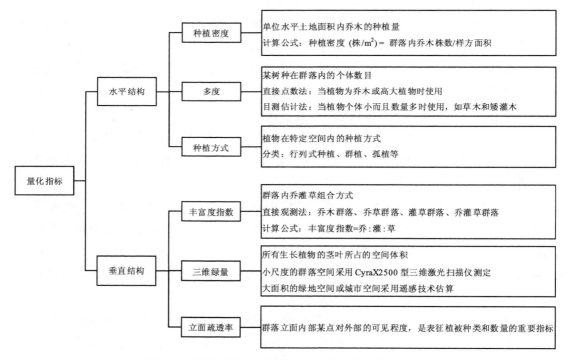

图6-34　植物群落空间结构特征量化参数及获取方式

2.空间布局特征

基于公园或住区单块绿地的小尺度研究多以植被覆盖率的研究为主。有研究表明，当绿化覆盖率小于40%时，绿地内部结构和空间布局对其微气候效应的产生起决定性作用。因此，对于面积有限的居住区绿地和公园绿地，研究其内部的绿化布局特征比研究其绿量变化更有意义。将绿地空间再度划分，研究微尺度下面状绿地局部群落空间或带状绿地某一区段的布局方式对微气候空间环境的影响，可将植物群落空间布局特征分为整体布局和局部布局。整体布局可以分为块状布局、行列布局、围合布局等，局部布局包括植被种植时形成的局部开口方向和数量及其与人行道的位置关系等，具体的布局特征与分类如图6-35所示。

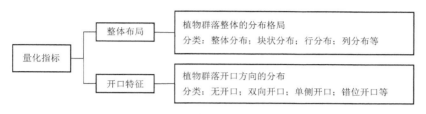

图6-35　群落空间布局特征与分类

3.空间形态特征

绿地的大小、周长、形状和边界的复杂性是衡量绿地形态特征的重要指标。但由于植物群落尺度较小，上述指标并不适用于研究群落空间形态特征。定义植物群落空间形态特征应参考小尺度景观空间形态特征的相关研究，景观空间形态特征可以分为水平几何形状、空间宽度、长度、高宽比例和界面开放度等。植被高度和道路宽度之比越高，降温增湿能力越强，控风能力越弱，单纯由植物体组成的群落空间，其形态特征可分为群落体积量、群落冠层的高低变化和群落内部空间的高宽比等，图6-36为植物群落空间形态特征量化参数，在固定场地风向的前提下对冠层高低进行分类。

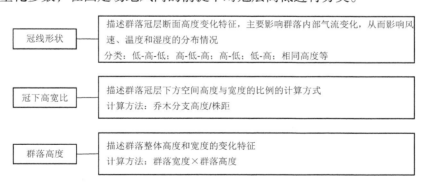

图6-36　植物群落空间形态特征量化参数及获取方式

6.3.2　严寒地区住区公共空间植物空间设计

城市绿地对改善城市微气候、缓解城市热岛效应有重要作用，且不同的植物配置、绿地形态以及植被结构所产生的效果不同。植被结构越复杂，植被对冬季冷风的遮挡作用和夏季的降温增湿作用越强。冬夏两季植被都有一定减缓风速和降温增湿的作用。值得注意的是，在严寒地区冬季空气温度极低的情况下，街道行人对空气温度和相对湿度的个体感觉并不十分敏感，但对风速变化的敏感程度相对来讲较高。因此，虽然在冬季复杂植被结构有一定的降温作用，但对人体热舒适的影响很小，相较而言，复杂植被结构对风速的降低作用对提高人体热舒适有着积极的作用，即对严寒地区而言，植被结构复杂的绿地在冬季仍是有利的。研究表明，乔木在改善室外微气候方面有着不可忽视的作用，其树冠的遮阴和自身蒸腾作用对温湿度的调节作用显著，且树干、叶片导致的下垫面粗糙度的改变对空气流动带来的阻碍作用远大于灌木和草地，有利于严寒地区冬季防风。综上，绿地在冬夏两季均能有效改善严寒地区居住区居民室外活动空间的微气候环境，植被结构越复杂对室外空间微气候的调节作用越显著（图6-37）。

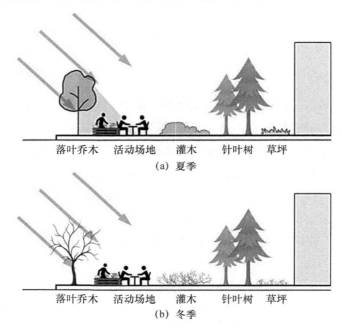

图6-37　植物冬夏两季对微气候的调节情况

　　根据群落形态的不同，绿地的植被结构可分为乔木、灌木、草地、乔木-灌木、乔木-草地、灌木-草地和乔木-灌木-草地7种形式，不同的绿化配置及组合方式不仅能够丰富绿化空间层次，而且可以不同程度地改善微气候环境。防风的有效范围，迎风的一侧，即林带前侧可达到树高的6~10倍；而背风侧，则可达到树高的25~30倍。防风最有效的范围在背风侧树高3~5倍处，风速可以降低至35%的程度。孔隙率大的乔木容易让气流通过，孔隙率小的高大乔木以及林下低矮灌木可以减缓风速，阻挡大风的侵袭。孔隙率越低的植被防风效果越好，但影响的有效范围相对较小。孔隙率高的植被防风效果较弱，但影响的范围相对较广。在提供静态休息、停留的座椅、廊附近的冬季迎风侧宜种植孔隙率较低的灌木植被。在冬季主导风向的上游应当布置具有遮蔽作用的常绿植被，且最好将人行密集或停留时间长的区域设置在背风区挡风树植平均树高5～10倍距离的范围内。在居住区的广场或人流密集的活动区域周边进行绿化布置，利用绿植的偏向、引导作用，使景观活动空间获得更舒适的微环境。优化周边近人尺度微气候环境能力的顺序为灌木>低矮树篱>高大乔木。

块状景观可以布置在住区风场的涡流区。景观对涡流进行扰流破坏，使之产生更多的小型涡旋，减缓空气的流动，同时空气在太阳辐射的作用下提升温度，从而达到优化微气候环境、提高舒适度的作用。线性景观的走向对风有导流作用，线性空间的尺度对改变围合布局居住区内微气候环境有很大的影响。在一定程度上加长线性景观的长度可以优化周边的微气候环境，而一旦超过某个长度比，效果反而会下降，需要谨慎设计。严寒地区住区可以使用抬升的平台空间，以避开下沉的冷空气流、提升人们的视野，但要避免将其设置于围合式庭院中间，使其成为周围注视的焦点，导致使用率降低。应将使用者停留时间长的休息娱乐等面型空间时布置在围合住区内微气候环境最优的区域。居住区内的休憩场所是各季节户外活动人群密集区，宜保持良好的空气质量和良好的风环境、热环境，宜布置在风场活跃区域。

在植物搭配上也要注意美学价值，尺度、色彩分布、排列方式都可以通过精心设计来改善，并满足种植合理性与艺术性。植物上并非一定要组团设计，偶尔有孤植也能提升环境识别性、与周围植物进行区分。线条简洁的植物给人雄浑之感，线条细致的植物可丰富景观层次感，对不同植物的不同景观效果应该妥善利用。绿植在严寒地区住区户外空间环境中通过立体化的绿化延展，调节了由楼房、铺地、廊架等硬质要素带来的理智感，冬季绿化率的提升对居民冬季生理和心理都有舒缓作用，良好的绿植系统建设也能够改善空气环境、调节微气候、降低建筑热辐射、给予居民审美体验等。夏季绿色繁盛，秋季黄绿交织，冬季白雪皑皑中绿景依旧在，这对缓解繁忙的工作生活带来的压力有很大作用，在高容积率的环境中给人自然的舒缓，使居民即使在寒冷冬季也愿意外出亲近自然，缓解疲劳与压力。

严寒地区住区的植物设计要与硬质环境要素相互配合，道路、雕塑、围栏等都可以与植物进行联合设计，同时要将植物、硬质环境和整体空间效果作为一个整体，植物设计要符合整体环境气氛。针对气候特点，为了让四季都能够有景观可欣赏，主要的植物选择以针叶类或者针叶阔叶类为主。要配合整体环境效果对乔木、灌木和草本类植物进行有节奏、有层次的设计，突出强化每一层次的景观效果，通过合理组合最高层的乔木类、中层的灌木类、适应力极强的低层的地被苔类，创造出有韵律的冬季景观。

6.3.3　严寒地区住区公共空间植物选种

在居住区进行绿化设计时，应首先考虑乡土树种，辅助种植外来树种。这里所说的乡土树种主要是指在整个地区比较普遍的树种。严寒地区城市常见植物种类按植物学特性可分为三类：①乔木类。树高5m以上，有明显发达的主干，分支点高，如5～8m的梅花、碧桃等，8～20m的樱花、圆柏等，20m以上的银杏、毛白杨等。②灌木类。树体矮小，无明显主干。其中，小灌木高不足1m，如黄杨等；中灌木约1.5m高，如麻叶绣球、小叶女贞等；高2m以上为大灌木，如紫爬山虎、凌霄等。③藤木类。茎弱不能直立，须攀附在其他物体上生长的蔓性植物，如紫爬山虎、凌霄等。按观赏特性分为六类：观形、观枝干、观叶、观花、观草。红树种对所在地区的地质、土壤及空气环境具有一定的适应性，易于栽植，并且选择这样的树种会使得住区环境具有明显的地域特征。在选择植物品种时，还应充分考虑其防尘、减噪等功能，力求在打造优美景观的同时，创造出安静、清新、健康的绿色环境。

除了考虑绿色植物本身所能带来的一些益处以外，在植物选择时还应考虑注重植物的季相变化，采取常绿植物与落叶植物（图6-38～图6-40）、乔木和灌木、速生树和慢生树相结合的策略。常绿植物的优点是可以在冬季提供绿色景观，保持四季常青，但四季常青既是这个树种的优点也是缺点，因为其不会随季节的变化而有非常明显的变化，所以植物的季相变化就缺少了很多。春天植物发芽变绿，秋天植物落叶凋零，这就是植物的季相变化，这样的季相变化不仅给人们提供了视觉享受，同时也会影响人们的心理变化。事实上并非落叶植物完全不适宜北方种植。寒地城市冬夏温差大，落叶植物夏季繁茂遮阳，冬季凋零避免阻挡阳光，且能够提供四季不同的景致效果。灌木的植入可以提供不同的空间层次感，能够与环境雕塑小品配合取得好的效果。在恶劣气候条件的挑战下，严寒地区植物选择要更加精心，绿化率应当适度加大，选择能给寒地四季带来不同环境效果的植物，使住区春夏植物生机勃勃，秋冬也有别样的寒地特色景致，力求将植物的功能最大化。

考虑到严寒地区漫长的冬季，有相当长的时间是植物的休眠期，因此，住区外环境冬季植物设计可主要考虑观形和观枝干的物种。除此之外还应考虑是否耐寒、强壮和有浓密树冠，是否需要最少的维护，是否经过岁月流逝植物在整体上还能吸引人，植物的审美寿命是否较长，植物与场地土壤和气候是否相适合等。做到三季有花、四季见绿，各活动场地要有高大落叶乔木，能夏有荫凉、冬有阳光。可以通过人工丰富植物形状和枝干造型，以增加漫长冬季里的植物景观。

哈尔滨秋冬季常盛行西北风，因此，住区中应将高大的有防风作用的黄榆、春榆、垂榆，辽东栎、麻栎等乔木以适当的密度和栽植方式集中安排在使用者各类室外活动空间的西北角，形成天然的挡风墙，阻挡寒冷气流直接吹向使用者。种植时注意将树根深埋，避免强风将树木连根拔起引发二次事故，还应注意引导空气流动方向，以免形成局部旋涡等不利影响。

避免使用有害植物（图6-41）。植物设计要结合使用者的身心特征，要考虑使用者的兴趣和爱好，通常多用途的植物可以激发使用者的兴趣，植物也可以增进邻里间的联

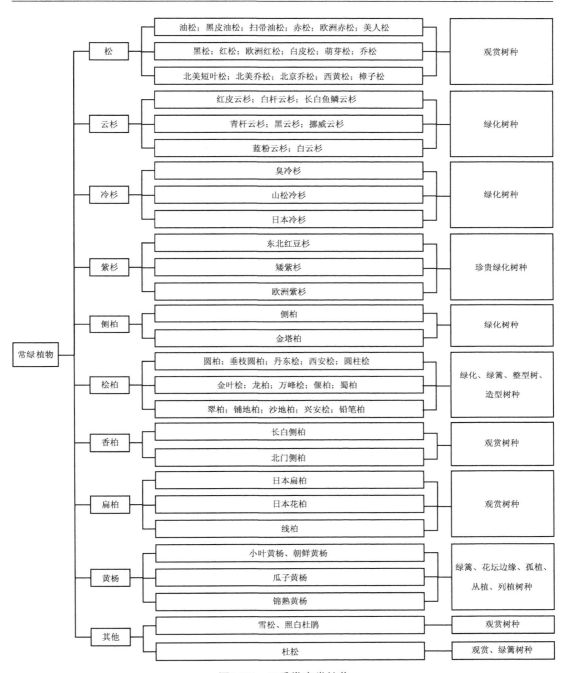

图6-38　四季常青类植物

系。同时，避免种植对使用者可能造成伤害的植物。多刺、多针或刺人的植物可能是危险的。此外，如果是种在道路或光滑铺地附近，那些会掉落黏叶或水果的植物对使用者来说可能会变得特别危险。因此，筛选出住区中不宜出现的植物种类，为住区植物设计提供参考。

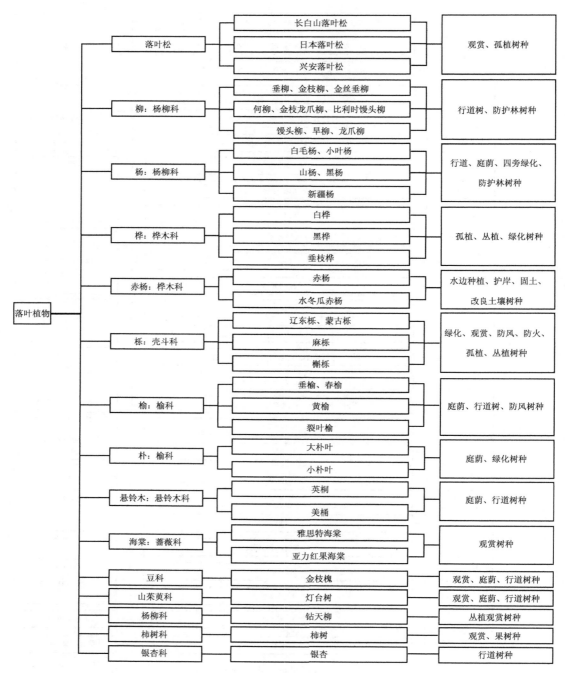

图6-39 落叶植物

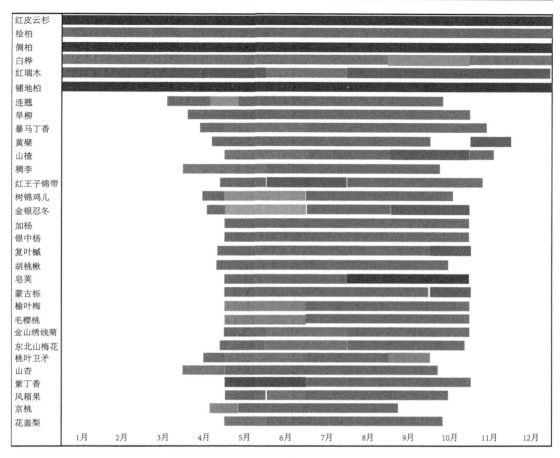

图6-40　不同植物的生长期

6.4　住区公共空间环境设施与小品设计

6.4.1　公共设施设计

6.4.1.1　娱乐健身设施设计

对住区娱乐健身设施的规划设计应充分考虑居民的健身行为及设施环境。应综合寒地城市的宏观背景和特定的条件，探索适应寒地城市的住区健身设施环境。

居民在住区中的活动是动态的，因此，健身设施的布置应呈系统化的动态组织，由各种要素构成连续性设计。要做到设施的动态性组织，需要正确处理各种不同功能设施的空间位置关系，使各种设施空间之间能相互连贯，同时又是不断变化的、连续的。

1.娱乐健身设施设计原则

（1）多样化设置

随着生活水平的提高，住区的功能也变得越来越多样化，是一个集健身文化、社交

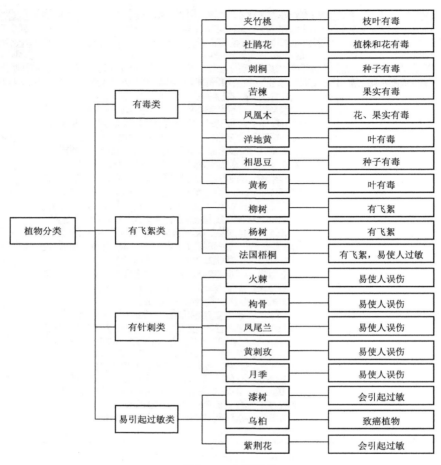

图6-41　有害植物

娱乐为一体的场所，一个能为多种行为活动提供选择的复合型功能空间。多种设施的安排，有利于对居民不同活动要求的满足，增加住区活力，促进居民之间的沟通与交流，为居民提供良好的交往平台，从而加强住区的归属感与和谐感。健身设施的数量规模设置应根据住区的规模及周边已有设施的分布情况统筹安排。不同层级的健身设施在种类、数量、规模上应有所区别，又相互配合，形成系统化、层级化的分配体系。同时还要考虑到居民多样化的需求，不同功能的健身设施要组合设置，并注意不同场地与设施之间的环境协调，避免彼此间可能产生的干扰。在具体的设置实施过程中，住区的用地规模也应予以考虑，若住区用地紧张，可考虑将不同功能类型的设施混合布置，如儿童游戏设施与老年人活动健身设施布置在一起，既节约用地，又满足老年人对儿童的看护；若住区用地比较宽松，应尽量设置专用的运动场地，避免相互影响。

（2）注重设施的舒适性

健身设施作为居民在住区空间中经常使用的一类设施，其舒适性直接影响居民户外活动的发生量。设施的合理设置有助于居民室外活动的顺利进行。健身设施的设计应充分考虑地域气候的特殊性，尤其是冬季设施的保温与防滑处理。设施的扶手等部位应采用导热系数较小的材质，如木质、橡胶类材质，避免使用铁、瓷砖等导热系数较大的材质。设施的色彩选择上应以暖色调为主，满足使用者视觉上的舒适性需求。健身区域的地面铺装应注意防滑处理，场地要平整，避免不必要的高差（图6-42）。

图6-42　住区公共空间中的健身设施

（3）主体差异性设置

健身设施的配置应根据住区的定位采取不同的设置方式，根据不同的受众群体有针对性地选择设施的功能与种类。在设施的选择、空间布局、组合方式上应符合住区的总体特色。如住区定位为老年住区，在设施的布置上应多考虑老年人的使用偏好，从老年人的活动特征、活动需求入手，多设置一些低强度的健身设施。而对于以青年人为主体的住区，应考虑青年人的活动需求，设置各种球类运动场地，如羽毛球场、乒乓球场、篮球场等。在儿童占比较多的住区中，还应专门设置儿童游憩场所。总之，针对不同的使用群体，设施的配置也应差异对待。有些设施不可能同时满足不同使用者的需求，此时，应注意设施的多样化设置，注重空间的复合利用。还可以将空间进行弹性设置，配备一些可移动的设施，满足不同时段不同使用者的需求，如住区的某些广场空间，在不同的季节可以进行设施更换，以满足不同季节的活动需求。

健身设施的位置选择同样影响使用者的行为，如老年人及儿童活动范围受限，因此，供老年人和儿童的设施应设置在住区组团或邻近家门的小游园中，为使用提供便利条件，同时也能提高设施的使用效率，更符合居民行为模式的要求。户外空间的使用状况在很大程度上取决于空间环境的质量，并进而影响空间环境中各种行为的发生。从微气候环境的角度来讲，在过渡季节和冬季，居民更愿意使用那些阳光充足、有风屏蔽的空间位置，而在夏季或气候适宜的春秋季节，使用者则更喜欢在建筑物阴影区或是树荫下开展活动。

2.儿童游戏设施的设计

在儿童占比较多的住区中，应专门设置儿童游憩场所，满足儿童的活动需求，应从儿童使用者的特点出发考虑设施的功能类型、尺度、色彩等。儿童游戏器械的设计应该符合儿童的活动尺度，满足儿童的使用要求。儿童的平均身高（cm）可按公式"年龄×5+75"的计算方式得出：1~3周岁的幼儿约80~90cm；4~6周岁的学龄前儿童约95~105cm；7~14周岁的学龄儿童约110~145cm。

根据儿童的动作与游戏器械的比例关系，可以确定相应的设计范围（图6-43）。根据不同年龄阶段的儿童活动尺度来选择设计器械，如为学龄前儿童使用的单杠高度为90~120cm；学龄儿童的单杠高度则为120~180cm。在树丛、草坪、鲜花簇拥的自然游戏环境中，根据儿童尺度建造各种游戏设施，并加以装饰，适当搭配一些小型家具，会带来更多游戏活动的可能性，提高儿童户外活动的使用率。游戏设施应该符合儿童的喜好，选择能让他们发挥运动技能和活动体验的设施（图6-44）。为了提高游戏设施的多样性和使用率，对以下设计内容进行详细分析。

（1）地面铺装

不同的地面铺装具有不同的功能特性，宜应用于不同的功能区域。场地中心的硬质

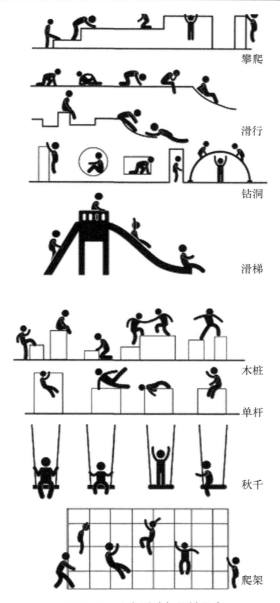

图6-43　儿童活动与器械尺度

资料来源：姚时章，王江萍. 城市居住外环境设计[M]. 重庆：重庆大学出版社，2000.

铺装，会使整个空间显得整洁美观，并且易于清洁，但在炎热的夏季却会产生大量的热辐射，因此铺设面积不宜过大。可以采用各种不同大小、形状的水磨石、鹅卵石进行铺设。其表面光滑，并具有一定的硬度，形成色彩丰富的图案，达到趣味和装饰的效果。釉面砖撞击易碎，不适宜寒冷气候，因此，严寒地区应避免使用釉面砖。软质地面的铺设，应采用沙地、木板、草坪和橡胶垫。木板地面具有一定的弹性，步行舒适、防滑、透水性好，适宜运用在儿童活动设施下方，能够起到一定的减振作用。草坪可以让儿童

图6-44 住区中的儿童游戏设施

贴近自然进行游戏活动，还适合婴幼儿练习学步或爬行。橡胶垫等软质地垫是儿童活动场地常用的地面材料，对儿童的活动有一定的安全保护作用，并且易于清洗维护。铺装的材料适宜选择暖色。考虑到严寒地区积雪融化的处理，宜选取易于清理且透水的地面铺装。图6-45给出了常用于住区儿童户外活动场地的地面材料。

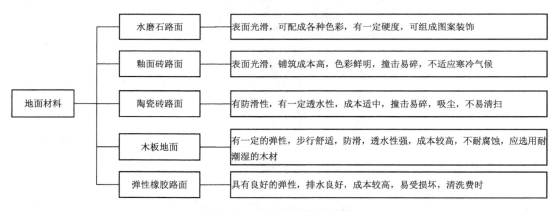

图6-45 户外场地地面材料

（2）沙坑

在儿童的游戏活动中，沙坑是最为普遍又最受欢迎的游戏设施。特别是对于学龄前儿童，沙子的可塑性强，较为松软，在沙坑中玩耍可以激发儿童的想象力和创造力。

　　沙坑的位置最好选择在向阳的地方，接受足够的阳光有利于儿童身体发育和健康成长，提高机体的免疫力。沙坑的形式可以多种多样，方形、圆形、曲线与直线组合型等。沙坑的面积按每个儿童1m²左右来设置，深度以0.3m为宜。另外，沙坑的边沿不仅要起到拦沙的作用，还要考虑儿童的翻越与攀爬等行为，所以不宜太高。沙坑的周围应该辅助设置一些供看护者使用的休闲设施，如可供支撑依靠的栏杆、可供休息的长椅等（图6-46）。沙坑中间也可加设一些吸引孩子的景观元素，如可攀爬的雕塑小品，设置过程中应考虑到景观元素的安全性和对儿童的友好性。

边界可以休息　　　　平台可以跳跃　　　　边界可以支撑　　为看护者提供的长椅

图6-46　沙坑与周边设计

资料来源：克莱尔·库伯·马库斯，卡洛琳·弗朗西斯. 人性场所——城市开放空间设计导则[M].
俞孔坚，王志芳，孙鹏，等译. 北京：中国建筑工业出版社，2001.

　　（3）水体

　　水是活跃住区景观、激发使用者活动的有效景观要素。儿童对水有天然的亲近感。在用地条件比较丰富的儿童活动场地常常设置涉水池。在夏季，各种景观水体不仅能够为儿童提供游玩机会，还能改善场地及其周边的小气候。对儿童而言，涉水池和景观喷泉都是活动的主要场所。涉水池的深度不宜过深，以15~30cm为宜，平面形式可多种多样，也可结合喷泉和雕塑加以装饰。在水体的边缘和底部应做防滑处理，防止儿童玩耍时不小心摔倒。水池的水应定期更换，保持清洁。喷泉的设置应充分考虑到安全保障，应对喷泉做特殊处理，避免儿童玩耍时发生触电的情况。在严寒气候区，冬季水体结冰，可以转换成冰雪景观供儿童观赏玩耍，改善严寒地区冬季户外萧条冷清的空间环境，提高户外活动场地的利用率，做到因地制宜，合理利用。

　　（4）室内花园与暖房

　　漫长的冬季让人们在户外驻足停留的时间缩短，儿童和老年人更多的时间是待在室内。为了引导儿童和老年人积极参与冬季的户外活动，与自然接触，在严寒地区应建设室内的冬季花园，满足人们与自然亲近的愿望。在住区的组团绿地或中心广场内可以设置加封玻璃的凉亭或长廊，这样一来，在冬季可吸收太阳的热能辐射变为"暖房"，增加人们户外活动的频率，在夏季可以开窗通风，实现冬暖夏凉。在这里还可以设置休闲座椅，满足使用者一年四季的户外活动需求。

6.4.1.2　桌椅设施设计

1. 座椅

座椅是住区中使用频率最高的设施。因此，应根据使用者的实际需求，在适宜的位置配置足够数量的座椅。在散步道上，应每隔一段距离设置一个座椅设施，满足使用者中途休息的需求。在活动场地中，应根据使用者的行为活动类型进行座椅设置，以满足场地的功能需求，如座椅应满足使用者聊天、打牌、下棋或观景等需求。座椅的平面形式不宜过于关注构图的美学原则，而应注重满足使用者的基本心理需求。同时，座椅应该成为景观环境中的一部分，应该结合周边的环境要素来整体设计，结合场地功能定位与环境条件，设置不同形式的座椅设施（图6-47）。结合场地位置、形状、大小周边环境精心布置，并设置不同私密等级的座椅设置，满足使用者对不同环境场所的多重需求（图6-48），如凹处、角处等可提供亲切、安全的相对封闭的休憩环境。

图6-47　座椅与景观环境融为一体

图6-48　不同的座椅形式与材质

座椅的选择上，应根据不同使用者的需要设计不同类型和尺寸的座椅。对多数使用者来说，背靠建筑、墙或植物会让他们感觉更安全。条形座椅适合喜欢安静的使用者，使其能观看前方的活动；L形座椅适于相识的人进行交谈；弧形座椅使其与旁人相互斜坐，避免彼此间的干扰；双边座椅能满足各种朝向的需求，背向而坐，隔离感更强（图6-49）。座椅之间要有一定的距离，还应考虑为轮椅使用者在座椅旁设置足够的活动和停驻空间。

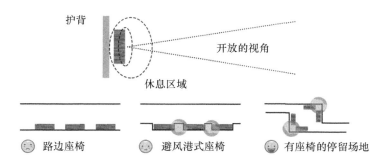

图6-49　座椅–停留行为原型

资料来源: Loidl H, Bernard S. Opening Spaces: Design as Landscape Architecture[M]. Basle: Birkhauser Press, 2003.

座椅的形式可多样化。同时应考虑挡风、避雨、防雪、防寒设计，给使用者提供舒适的休憩环境。座椅的设计应重点考虑以下几个方面。

（1）设置在热闹的、使用者流动性大的场所，如主要的活动场地、单元出入口、休闲步道、小游园等区域；座椅面向活动场地设置，便于使用者观看场地活动，座椅间隔不宜超过20m。

（2）要适当提供可移动的、轻便的座椅。可移动的座椅可以随意安放在阳光下或阴影中，炎热的季节里树荫下的座椅能提供多人休憩纳凉，寒冷季节中将座椅设置在阳光区，可以让使用者享受充足的光照，由此满足一年四季的使用需求。

（3）座面材质应选用木材等传热性差、保温性好的材料。由于冬季与过渡季节寒冷，冰冷的座椅并不能为使用者提供方便，金属类座面应加设保温隔凉座垫并定期检查座垫的摆放情况。

（4）应方便使用者进行近距离沟通，方便交流时照护儿童以及搁置随身携带的物品。如外出购物返回后，使用者可能同邻里坐下来聊天交谈，座椅旁要有一定高度的平台来放物品。

（5）座面设计保持水平，靠背便于倚靠，稍微向后倾斜即可，扶手角度要便于入座和起身时扶握支撑。座椅设置应既考虑到行动正常的人，也考虑到轮椅使用者。为方便老年人和残疾人的使用，座椅要适当调高一些，方便使用者起身。考虑到视力受损者，还应设置植物标志，并在硬质铺地上作设计变化。

2. 桌子

桌椅的设置为多种社交活动，如打扑克、野餐等活动的开展提供了更多的机会。桌椅可以有效地限定空间。桌子的设置应考虑使用的安全性，边缘应做平滑处理，不应带有突出的棱角。桌子的材质不应选用反光度高的镜面材质，而应该选用视觉舒适的材质类型。室外桌椅的布置应考虑人群聚集和交谈的需要。在设置桌子的同时要考虑到轮椅使用者的需求，桌旁应留有足够的空间供轮椅使用者停留。如考虑轮椅的回转，则需要直径至少1500mm的空间（图6-50）。所以，桌椅的布局必须在全面考虑场地空间和使用者需求的基础上进行设计，并充分考虑特殊群体的需求，以最大限度满足使用者的休憩需求。

图6-50　轮椅与桌子的关系

资料来源: 姚时章，王江萍. 城市居住外环境设计[M]. 重庆: 重庆大学出版社，2000: 172.

6.4.1.3　台阶与坡道设计

台阶和坡道对空间都有一定限定作用。台阶和坡道都是当地面出现高差时的处理手段。坡道作为无障碍设计的一部分，其设置对于轮椅使用者来说是十分必要的。一般来说，坡道是台阶的辅助，二者同时出现在地面存在高差的区域中，这是因为在雨雪天地面湿滑，坡道特别危险，因此，坡道只能作为台阶的辅助设施，而不能完全代替台阶。在有高度变化的地方，必须要同时设置台阶与坡道。考虑到有行动障碍的使用者的需求，坡道与台阶应做特殊处理。坡道的坡度是结合坡长来考虑的，要综合考虑使用者的可接受程度，坡度不能太大，坡长也不宜过长（图6-51）。

坡道和台阶要保证良好的照明，为了保证使用者夜间出行安全，在台阶和坡道处的底部应加设照明灯具，使使用者能够清晰地辨识台阶和坡道的边沿。台阶的边沿应该铺以对比强烈的材质或颜色，确保可清晰识别。同时，应该特别注意踏面和踏级的细部，室外的台阶与踏步，应适当加宽踏面宽度，降低踏步高度。台阶应该尽量少一些，但为了引起使用者的注意，每组台阶不应少于3级（图6-52），避免出现单级和双级台阶，这是因为台阶过少极容易被忽路，特别是对那些行动不便的使用者而言。一般平台之间最多设计10级踏步，5级一段为宜，踏面和踏步应该相适应。应设置无突边或圆角突边的踢

图6-51　住区中的坡道与台阶组合

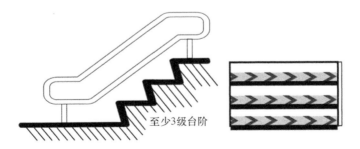

图6-52　台阶最少要有3级，有质感的警告条和延伸轨道可以给那些行动不是很灵活和视力受损的人以
足够时间来辨别高度的变化

资料来源：Castens D Y. Site Planning and Design for the Elderly: Issues, Guidelines, and Alternatives [M].
New York: Wiley, 1993.

面倾斜的踏级。踏面和踏步上使用对比色可以帮助识别台阶，此外，要注意台阶和坡道的防滑处理（图6-53）。还要考虑为行动不便者进行一些细节处理，如为盲人进行扶手的特殊处理（图6-54）。

图6-53　台阶的处理

资料来源：罗洋. 居住区室外公共空间的人性化设计研究[D]. 西安：西安建筑科技大学，2005.

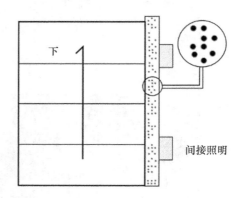

图6-54　扶手的特殊处理

资料来源：Castens D Y. Site Planning and Design for the Elderly: Issues, Guidelines , and Alternatives[M]. New York: Wiley, 1993 .

6.4.2　环境小品设计

6.4.2.1　景观小品设计

景观小品作为住区公共空间景观环境的重要组成部分，对提升住区的整体环境品质和美学价值起着尤为重要的作用。景观小品与其他的活动设施一样，应该被纳入住区景观环境体系中，与其他的景观要素协调配合，共同设计，以形成统一的整体（图6-55）。在进行景观小品设计时，要遵循整体性、艺术性、地域性、多样性、亲人性等原则。

图6-55　景观小品与环境协调统一

整体性：景观小品的设计要符合住区景观空间设计的总体风格和构思，协调地隐藏在景观环境系统中，不与景观主题发生冲突。

艺术性：设计中要考虑到景观小品自身的美学价值，可适当进行抽象化处理，使之具有一定的艺术欣赏价值，并使之与环境有机结合，起到美化环境，渲染气氛的作用。

地域性：在选材上注重选用本地的建筑材料，在造型和色彩等方面体现地域特色和民族传统，如具北方地域特色的暖房更显浓郁的地区归属感，同时也应结合地域特殊的气候条件和文化特色，如在严寒地区城市可以运用冰雪元素进行艺术创作，体现地域文化。

多样性：住区公共空间中的景观小品要注意多样性，避免简单重复、缺乏辨识性，应结合不同的空间与功能定位，设置不同类型的景观小品，使之与环境融为一体。

亲人性：景观小品设计中，花台、灯柱、座椅、张拉膜、栏杆、指示牌及儿童游戏场等设计要符合人体的尺度，人们可以停靠、闲坐、休息，儿童可以玩耍，满足居民亲近和使用的需求，同时注意景观小品材质的选择和细节处理，避免因为细节设计不当，对使用者造成伤害。

从住区室外环境气候设计的角度出发，常常会设置连廊、凉亭、花架、景墙、遮阳伞等景观小品（图6-56、图6-57），一方面可以限定休憩交往空间，丰富、美化住区景观，另一方面这些设施具有的遮阳、避雨、避风功能也可以为使用者提供全天候的室外活动场地。在具体设计中，还应注意利用可以灵活开合的可变户外遮阳、挡风设施，同时应对冬夏两季不同的气候需求。

图6-56　住区中景观雕塑与亭廊

图6-57 住区中的景观亭廊与植物盆景

6.4.2.2　标识系统设计

环境的可识别性是人们在心理上建立安全感的基本前提。可识别的环境利于人们形成清晰的记忆，便于使用者寻路与定位，尤其是当住区规模较大时。住区中清晰的标识系统，能够很好地引导使用者在空间中行走与游玩，同时也能起到警示危险区域的作用，利于使用者采取相应的措施与行为躲避危险。完善的标识系统能够给使用者带来心理上的安全感。标识系统包括很多种类，具体可以划分为名称类、环境类、指示类和警示类（图6-58）。

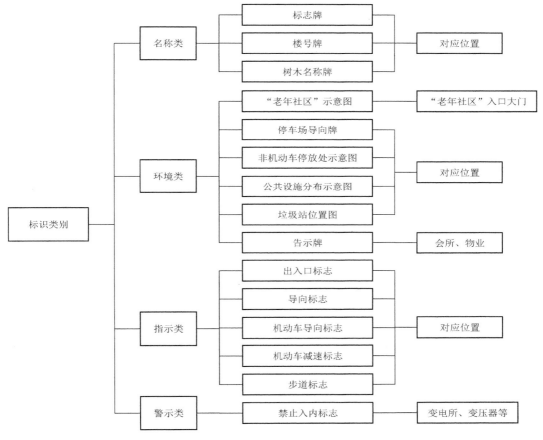

图6-58　住区主要标识项目

醒目明晰的图形可增强视觉冲击力，增加使用者正确获得信息的机会。根据视觉设计原理，用于空间导向标识系统的设计应符合以下五个原则：

其一，图形与背景界限清楚、关系明晰、颜色反差明显。图形宜闭合完整、简单明了，构图要素尽量采用水平或垂直的块、面，避免用单线、曲折线或不规则线条构图。图意对应一致，确定的图形能唯一涉及某个物体或动作，且该个物体或动作对于观察者来讲，其意义独一无二、明白无误。

其二，图文标识应多采用"亮图文标志/暗背景"的图底组合方式。图文标识的可见度对使用者辨认影响很大，辨认标识主要依赖于表面亮度和图文与背景的亮度对比，色彩对比也可以提高标识的易识性。图文标志/背景色彩组合的易识性与目标亮度有关，亮度越大，易识性越好，不同的亮度水平应选择不同的色彩组合。标识的颜色应多用黄色、红色等暖色。

其三，标识照明应适当提高照度。使用者对标识的辨认有文字越小照度需要越大的特征。标识表面材料应耐久和无反光，标识应有夜间照明。标识设计不仅要考虑标识本身易于识别，还要考虑到使用者视线的移动，排除眩光源，避免产生极端的辉度分布，要保持标识与周围环境相协调。

其四，要考虑到轮椅使用者的视线范围和可活动的场所，设计适合他们使用的导向标识。轮椅使用者的视点平均高度为1150mm，最大高度为1600mm，标识看板的内容高度一般设置在700～1600mm的高并易于看清的位置，避免行人及物体遮挡轮椅使用者的视线；在通道上为轮椅使用者提供相应的地面视觉引导；对于需要花费时间了解的事项，应使轮椅使用者能尽量接近目标标识。

其五，标识设计中应采用国际通用的标准图形，便于标识的推广与广泛使用（图6-59）。

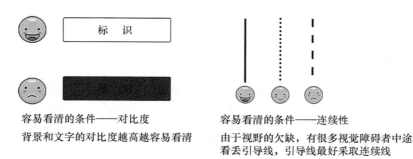

容易看清的条件——对比度
背景和文字的对比度越高越容易看清

容易看清的条件——连续性
由于视野的欠缺，有很多视觉障碍者中途
看丢引导线，引导线最好采取连续线

图6-59　标识的通用设计
资料来源：成斌. 老年人住宅室内标识系统无障碍设计研究[J]. 四川建筑科学研究，2006，6(3)：162-164.

住区应建立统一的标识系统。标识特别是位于场地和建筑入口的标识对于创造住区整体的形象十分重要。标识同时亦成为优美的装饰，成为住区的象征。标识可以帮助居民和来访者找到目的地和设施，可以提供场所入口和建筑入口的方向和信息，指导交通，以及提供有关设施的信息。各类休闲活动处、转角路口处等应该设置清楚的标识，标注的项目应尽量全面。对于轮椅不能通行的路段或者临时整修的路段，应该在路段前端50m左右设置灵活的预告标牌，改造后的无障碍卫生间也应设置明显的标识牌。人行标识的位置应该确保易于识别而不会有歧路的干扰。标识应该设置在很容易看到的地方，但是为了安全不应该设置在人行道以外。针对不同健康状况的使用者应进行标识的特殊设计（图6-60、图6-61）。

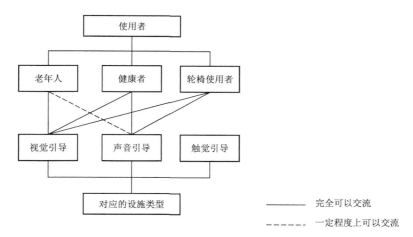

图6-60　不同使用者对应的标识设计

资料来源：周学明.住区空间导向标识系统的规划设计研究[D]. 武汉：武汉大学,2007.

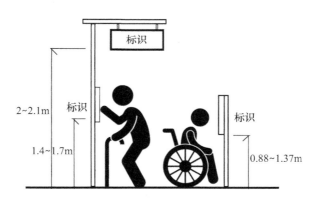

图6-61　标识的位置

资料来源: Castens D Y. Site Planning and Design for the Elderly: Issues, Guidelines, and Alternatives[M].
New York: Wiley, 1993.

6.4.3　冰雪景观设计

严寒地区四季分明，冬季是寒地城市的特色优势，在社会性活动中，除了人与人的互动，人与景物的互动也能唤醒冬季活力，激发户外活动热情。不同地域特色不同，尊重地域文化，发扬城市特色，能够提高居民地域自豪感。冰雪作为严寒地区的特有资源，其形态的变化组合对营造美好的冬季环境有重要作用。严寒地区拥有大量的冰雪景观资源，应充分利用这种自然资源，突出北方城市的地域特色，积极发掘冰雪景观资源。冰雪景观的利用不仅能够美化住区冬季的景观环境，打破冬季萧条破败的景象，还能够满足住区居民对冰雪文化的精神需求。

冰雪景观的种类多样，将科技手段与冰雪艺术结合，可创造出带有颜色的环保彩色冰雕、彩色雪雕、低温喷泉、人工飘雪等新的艺术形式，丰富冰雪文化的艺术气息，给人震撼的视觉体验。许多严寒地区的国家在冬季都以冰雪景观为载体在住区公共空间中开展各种各样的活动，丰富住区生活。通过建造小型互动设施，让居民置身其中，丰富参与感。冬季冰雪景观主题对于展现严寒地区住区的地域特色，增加住区公共空间的吸引力和活力，丰富居民冬季的室外活动，提升住区整体形象和住区凝聚力都能够起到推动的作用。

促进冰雪元素与小区居民的互动。可以通过提取冰雪元素和地域元素，将地域元素的特征融合到场地设施的设计中，鼓励居民进行冰雪游戏活动，充分利用冰雪资源丰富居民冬季活动。

6.4.4　水体景观设计

1.水体景观分类

人类天生有着亲水情结，水能够唤起人们的童心，使情绪得到放松。水能起到增湿、减尘、降温的功效，改善人们的生活环境。水多变的形态、悦耳的声响可以助人消除疲劳、缓解压力，也可使人兴奋、激发与他人的交流。中国传统园林将水之美概括为洁净之美、流动之美、虚涵之美，水是生命之源、文明之源、艺术之源。

水在人们的物质及精神层面占据着重要的地位，在城市住区加入水的元素，不仅可调节住区微气候，而且愉悦人的身心。住区水景的表现形式如图6-62所示。

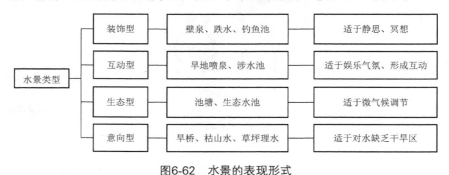

图6-62　水景的表现形式

可以看出，不同类型的水景表现形式适用于不同功能区域。应当根据不同类型住区的设计标准，选择不同类型的水景类型。根据严寒地区气候环境，应尽量选取维护费用低的设计方案，同时尽量考虑到不同季节的使用情况。就目前的状况而言，严寒地区城市对水景的利用比较少，这是与气候特征相关的。严寒地区城市干旱少雨且风沙大，冬季漫长寒冷，在户外环境中运用液态水置景虽然会调节微气候的湿度，但在户外环境中同样会面临蒸发量大、降雨量少、维护费用高、安全性差、冬季可观赏性差等局面。权衡人们的需求与严寒城市冬季水景的现状，设置水景应尽量结合不同季节的不同特色进行有针对性的设计，可以将水景融入其他景观中，与其他景观相互配合进行依附性设计，也可以做虚水景的设计，还可以以固态冰的呈现形式进行设计。

依附性设计，是指将水景设计与铺地、景墙、台阶及其他构筑物（如亭台楼阁、雕塑等）的设计一起考虑，组成壁泉、跌水、风雨亭、水雕塑等（图6-63）。在夏季，这些景观与水相互配合会给人意外的喜悦。在冬季，虽然少了水的呈现，但是由于景观本身具有一定的可观赏性或功能性，所以依旧可以愉悦人们的心情，并且这样的设计可以避免冬季水池冻胀、喷泉管道维护及枯水时节景观凋敝的问题。虚水景类似枯山水，是一种意向型的水景设计。例如，进行地面装饰时将草坪设计成水波纹的平面形状，制作有水波纹的观景墙，并在周围配合水的音效及其他能够使人联想到水的声光电设施，引发人对水的联想。这种设计方法节约水资源、维护费用低，非常适合严寒城市地区的水景设计。固态冰的水景设计在冬季的利用已经有很久的历史了，但是距真正为居民服务还有一段距离，值得加以关注。严寒地区城市冬季户外环境中对液态水的利用虽然已经基本没有可能，但是依旧可以通过其他的途径完成水景设计，满足人们的需求。

图6-63　住区中各种水景设施

2.水体景观的运用

水体具有良好的蓄热性，水的蒸发会在一定程度上降低邻近环境的温度，同时自然水体（如河流）由于与周边环境存在温度梯度，还会产生水面微风（水陆风）。在住区室外场地的气候性设计中，应积极利用水体在微气候调节中作用。在滨水住区的规划设计中，室外活动场地和设施应尽量滨水、面水布置，形态布局应向水面打开，并通过建筑开口，以及绿化、地形、景墙等设计手段尽量将水面微风引向使用者活动场地。在条件允许的情况下，可以在活动场地附近结合景观设计布置水池、喷泉等人工水体，不仅可以活跃环境氛围，在夏季还会起到不错的环境降温效果。

水元素的不同形态对于空间环境设计意义重大，事实上，严寒地区的住区可以通过对水的季相转换设计实现水的四季利用。在水景面积上，住区水景主要以精巧的小型水体为主，点状或者线状水体避免了浪费空间，夏季喷泉和冬季冰雕雪雕能够带来不错的视觉体验。在大面积水体设计上，夏季设立可移动的木栈道，冬季撤出木栈道或者加设围栏建成小型冰场，这对于冬季娱乐设施稀少的严寒地区住区无疑是跨越性的品质提升，既充分利用了活动场地又提升了地区活性，通常此区域冬季会成为儿童、看护儿童的青中年人以及喜欢亲近儿童的老年人的聚集地。夏季水池冬季冰场的设计，利用了寒地优势的地域特色，必然带动居民活动热情，增加自发性活动和交往性活动的产生机会。

6.4.5　地面铺装设计

1.铺装设计要求

（1）减少地面不必要的高差

由高差引起的摔倒和损伤是最值得关注的问题之一。大量的跌倒现象都是缘于地面高度的改变。无障碍设计规范中，地面材料的允许高差为13mm。住区室外场地和损坏的路面，需做平整改造，减少不必要高差。

（2）防滑地面材质的选用

严寒地区多雨雪，住区内道路应多注意雨雪天气时的防滑处理，各类活动空间道路地面铺装应选择防滑、平整度高、无反光、表面均匀、透水性好、不积水的材料。各道路及活动空间地面铺装过渡处以及砖之间的接缝应保持平坦、自然、密实，缝隙要尽可能细小。坡道处的防滑处理应避免切割得过深过大，避免过度防滑，否则反而会给坐轮椅和用拐杖行走的使用者带来不便，并且容易磕绊而发生危险。此外，有些材质打湿后会变滑，选材上要加以注意（图6-64）。

（3）道路台阶处无障碍化

对道路尽头带有台阶或缘石的位置加设坡道或三面缘石坡道，为了便于使用者下台阶，还应设置扶手，扶手柱间净距离应小于110mm，高度应为750mm，且扶手末端伸

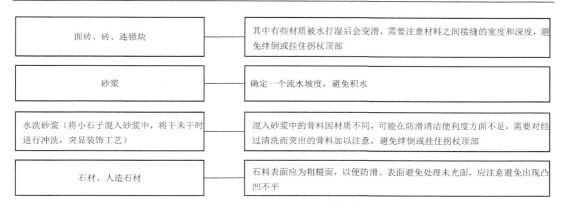

<table>
<tr><td>面砖、砖、连锁块</td><td>其中有些材质被水打湿后会变滑，需要注意材料之间接缝的宽度和深度，避免绊倒或挂住拐杖顶部</td></tr>
<tr><td>砂浆</td><td>确定一个流水坡度，避免积水</td></tr>
<tr><td>水洗砂浆（将小石子混入砂浆中，将干未干时进行冲洗，突显装饰工艺）</td><td>混入砂浆中的骨料因材质不同，可能在防滑清洁便利度方面不足，需要对经过清洗而突出的骨料加以注意，避免绊倒或挂住拐杖顶部</td></tr>
<tr><td>石材、人造石材</td><td>石料表面应为粗糙面，以便防滑。表面避免处理未光面，应注意避免出现凸凹不平</td></tr>
</table>

图6-64　户外地面的装饰材料

资料来源：财团法人，高龄者住宅财团. 老年住宅设计手册[M]. 博洛尼精装研究院，中国建筑标准设计研究院，日本市浦设计, 译. 北京：中国建筑工业出版社，2001.

出200mm，以保证使用者保持平稳。根据无障碍设计规范的要求，坡道的斜度应不小于1/12，坡道宽度应首先满足疏散的要求，保证一辆轮椅通行时宽度不小于900mm。

（4）避免坡道或减小坡道斜度

此处的坡道不包括设计标准中规定的坡道。使用者在坡道上重心会发生偏移，运动平衡能力弱的使用者很难在坡道上保持平衡会趋于避开坡道。因此，住区中应避免设计不必要的坡道，同时对已存在的不合理坡道应根据规范要求加以改造。对于较短的简易斜坡，坡长应能保证轮椅的前后总有一对轮在平面上，以使轮椅上的人保持平衡。

2. 铺装材质的选择

根据《园林景观设计资料集》的解释，铺装是指景观与地形相结合的因地制宜的地面构成形式，如地形平坦时的道路、地形起伏时的坡道以及地形起伏较大时的台阶和自然步道等。在选取铺装材料时，不仅要考虑其自身的特性，也应考虑与周围环境的融合，与配套的景观、功能空间的协调。图6-65所示为常用材料特性及适用场所。

目前住区室外空间场地对铺装材料使用的随意性较高，虽然在近几年的建设中逐步加大了对铺装材料的重视，但是依旧没有达到令人满意的效果。主要是没有考虑到严寒地区城市冬季降雪对材料使用所造成的影响，其次对特别功能区域的铺装没有进行因地制宜的考虑。

（1）考虑物质需求层次的地面铺装

地面铺装，实际也是为了能够更好地完成地面服务。地面服务主要是满足人们日常步行、行车、娱乐、休闲等功能，铺装主要是为了能够更好地完成并优化这些功能。随着人们的物质生活水平逐渐提升，人们对生活的休闲需求也越来越多。人们在一个良好的空间环境中进行休闲、娱乐，这些空间可能就是在街道旁边设置的，而想要满足人们精神层面的需求，首先应当保证通道和道路正常通行的安全性需求。在严寒地区城市，

图6-65　常用材料特性及适用场所

由于受到降雪、低温的影响，光滑表面会导致冬季出行不便，应当尽量选择摩擦系数较大的地面材质做道路铺装。

（2）针对不同功能区选用不同的铺装

不同功能区域对地面的要求是不一样的，在居住区的地面材质选择时也应注意针对不同功能区选用不同的铺装。例如在健身娱乐区应当考虑使用比较柔软的材质，以防孩子跌倒导致受伤，不仅要考虑其柔软度，还要考虑其耐久性，否则可能会导致损耗过于严重。另外，应在居住区内部的主要道路上设置减速带，迫使车辆减速，保障住区内部交通安全。

（3）选用满足精神层面需求的铺装

精神层面的需求主要是由住户的审美需求决定的，每个人对美都有着自己的追求，对铺装美的追求正是对铺装质感、平面组合、色彩以及尺度方面的追求。例如，由鹅卵石做成黑白相接的地面铺装效果，远看好像是黑白的琴键，令人产生美的联想，或者运用特殊符号的拼接，如具有历史符号的拼接，令人在行走的过程中感受历史的痕迹。

地面铺装不仅能保证正常的通行安全，并且在铺装中还可以对环境进行诠释并赋予一定的内涵，陶冶情操，缓解人们的压力，满足精神层面的需求。合理正确地运用铺地材质能够使人们的生活更安全，并且在一定程度上能对人们的日常生活起启示、暗示的作用，更好地辅助环境空间的功能实现（图6-66）。

图6-66　住区中各种铺装形式

6.4.6　材质、色彩与照明设计

1.材质设计

　　室外活动场地的铺装材料选择，应首先考虑安全性，保证地面平整且具有良好的防滑性是基本要求。从环境微气候调节的角度出发，设计中应尽量使用气候性面层材料（如透水混凝土、透水砖、植草砖等），少使用水泥、石材等材料，使场地具有较好的透水性，减少地面径流，在夏季可以利用蒸腾作用有效降低环境温度。另外，在室外场地应避免使用高反射性的地面铺装材料，以免在夏季过多反射热量或者产生眩光，给人带来不适。室外场地中的户外座椅以及供使用者坐、靠、抓握的环境设施，用材应以木材为宜，或其他质地温和、低导热的材料（如工程塑料、仿木材料等），少用石材、混凝土以及金属等高导热材料，避免在冬季给使用者带来明显的不适。另外，在临近室外活动场地的建筑外墙面，可以考虑设置垂直绿化，以一定程度地降低夏季环境的辐射热。

2.色彩设计

（1）色彩的特性

　　色彩三要素包括色相、明度和纯度。色相是指色彩的相貌，确切地说是依波长来划分色光的相貌。可见色光因波长的不同，给眼睛的色彩感觉也不同，每种波长色光被感觉到的色彩就是色相。基本的色光色彩有红、橙、黄、绿、青、紫六种标准色和由它们配成的六种间色：红橙、黄橙、黄绿、青绿、青紫、红紫，用以上12种颜色按照光谱的顺序做成色环，可便于研究各种色相的关系。颜料和色光的三原色色环如图6-67所示。明度是指色彩的明亮程度，对光源色来说可以称为光度；对物体色来说，除了称明度之外，还可称亮度、深浅程度等。无论投照光还是反射光，在同一波长中，光波的振幅愈宽，色光的明亮度愈高。在不同波长中，振幅比波长的比数越大，明亮知觉度就越高。

纯度是指色光波长的单纯程度，也称为艳度、彩度、鲜度或饱和度。红橙黄绿青蓝紫七色相各有其纯度，七色光混合即成白光，七色颜料混合为深灰色；黑白灰属无彩色系，即没有彩度，任何一种单纯的颜色，加入无彩色系任何一色混合，即可降低纯度。在七色中除各有各自的最高纯度外，它们之间也有纯度高低之分。红色纯度最高，而青绿色纯度最低。

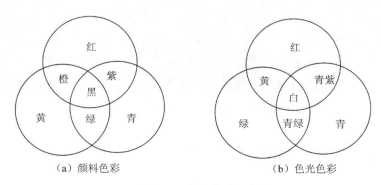

（a）颜料色彩　　　　　　　　　　　（b）色光色彩

图6-67　色环构成示意图

资料来源：徐思淑，周文华. 城市设计导论[M]. 北京：中国建筑工业出版社，1991.

（2）色彩的情感

色彩通过对视觉的作用，给人的感觉有以下几个方面。

温度感：色彩本身并没有温度的差别，所谓色温是人们把色彩与许多自然现象的联想后产生的感觉。如太阳和火是红、黄色，看到红、黄色后有温暖的感觉；海水、天空是蓝色的，看到蓝色后就有清凉的感觉等。红与青是色彩暖、冷的两个极端，绿与紫居中，但它们随着所含红与青的分量而变。此外，色彩的冷暖又有相对性，紫与红并列，紫显得冷些；紫与青并列，紫又显得暖些。绿与紫在明度高时候近于冷色；而黄绿、紫红在明度和纯度高时近于暖色。

情趣感：偏于暖色的色彩使人有兴奋热烈的感觉，偏于冷色的色彩有沉静优雅的感觉。明快清淡的色调使人感到轻松愉快，灰暗浓重的色调使人感到沉重忧郁。绿色为人们共同爱好的色彩，也是老年人特别钟爱的颜色，它对人们心理不产生任何刺激作用，使人感到宁静亲切。有人认为，绿色在人的视野中约占25%时，心理情绪最为舒适。各种色彩的情感特征参见图6-68。

轻重感：色彩的重量感以明度影响较大，明度低的感觉重，明度高的感觉轻；纯度高的暖色感觉重，纯度低的冷色感觉轻。同样体积、材质的两尊雕塑，涂以纯度高的暗色会感觉到重，涂以纯度低的明色会感觉到轻。因此，在空间的处理上，为了达到协调一致的气氛，往往会采用相应感的色彩。

距离感：色彩有进色和退色之分，一般高明度的暖色有凸出或扩大的感觉为进色，低明度的冷色有后退缩小的感觉为退色。红、橙、黄、白为进色；青、紫、黑为退色。

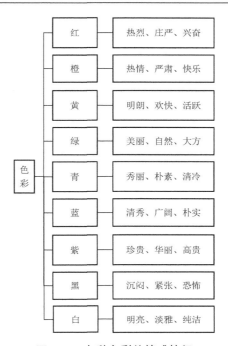

图6-68　各种色彩的情感特征

资料来源：张宪荣，张萱. 设计色彩学[M]. 北京: 化学工业出版社，2003.

由此可以利用色彩，对空间的距离、尺度感进行调节。

疲劳感：有的色彩由于纯度过高，对眼睛的刺激很大，容易疲劳，这种现象称为疲劳感。暖色较之冷色疲劳感强，绿色不显著。色相过多，纯度过强，明度和纯度相差太大都容易使人疲劳，在色彩设计时应注意规避。

住区环境色彩的构成元素较多，并且受自然、社会、历史、文化、职能定位等多种因素影响，住区景观色彩的设计必须考虑到使用者的生理、心理和行为的需求，为其提供一个赏心悦目的室外居住环境。住区室外环境色彩设计应遵循以下原则。

整体和谐原则：住区应该确定统一的色彩风格，注重主色调的选择，在不同的功能区中用一个或几个适当的辅助色调使住区色彩有所变化。色彩的分区要切合住区景观的空间结构特点，以形成美好的色彩组合，我国大部分现有住区，色彩不是过于单调就是各种色彩生硬地拼贴在一块，无系统规划。如铺地材料色彩各不相同且不能自然地衔接。有的小品只考虑自身醒目突出而不顾及与住区内建筑的关系，采用十分刺眼的色彩，造成色彩杂乱无章。

重自然美原则：人类的色彩美感来自大自然对人的陶冶。对使用者来说，自然的原生色总是易于接受的，甚至是最美的。因此，住区的色彩要尽量突出自然色，特别是树木、草地、水体，甚至山石的自然色。自然的色彩搭配不仅能让使用者舒缓疲劳和压力，更加重要的是，可营造出一种回归自然的感觉。

人性化原则：设计应考虑使用者的色彩视觉特点，如色彩的错觉、进退感等，注意丰富住区景观的色彩效果和造型层次，合理利用色彩的心理作用使住区的色彩更为人性化，促进使用者的身心健康。如针对老年人喜欢安静、平和的感觉，在住区内可加入一些调和、浅淡的色彩，营造他们喜欢的氛围，可提高室外环境的利用率。

文化的原则：色彩除了具有自身的特性外，还具有文脉性，起着文化信息传递的作用，它通过物质现象反映出特定时期文化的性能。每个地域在发展过程中，都会因为社会和自然条件的原因，形成特殊的并为本地居民所喜爱的色调。在住区景观的建设中必须考虑到的地方性，尊重人们的色彩喜好传统，注重本地历史文脉的延续和气候特点，用色彩来体现地域的风格和文化气质，如青岛的红瓦、黄墙、碧海、蓝天。设计师们应利用历史文化留下的色彩特色，珍视这些独特的色彩特质，来构造符合使用者情感的住区。

除了在大多数城市通用的色彩规划原则和方法以外，严寒地区城市必须充分考虑气候影响因素。由于冬季气候寒冷，草木枯萎，色彩单调沉闷，因此在传承不同城市历史文化的前提下，严寒地区城市建筑色彩宜选用中高明度的中性色或暖色调为主的基本色，以此为基调，通过色相、明度、饱和度的调整，形成整体协调基础上的多色彩体系，在冬季既给人们带来温暖的感觉，也为城市环境带来生机和活力，在夏季，在蓝天、绿树的映衬下也可以给人以绚丽多彩的感觉。居住区环境应体现安宁、舒适、温暖的氛围，居住建筑可选择明度高的浅中性色或浅暖色，既给人带来温暖、明亮、轻松、愉悦的心理感受，同时，利用反射的阳光也增加对面房屋背光面及地面阴影区的明亮度，在冬季能够明显改普居民的视觉感受。应避免使用高饱和度、高纯度的明艳色彩作为居住建筑大面积墙面使用的色彩，但这类色彩却可以用作建筑局部的点缀色或者居住区内小品设施的颜色，以增加冬季居住区内部的活力，吸引人们到户外活动。

3. 照明系统设计

在外环境中，灯光是影响使用、烘托气氛和创造情感的重要手段。缺少了灯光，夜晚的外环境就会失去生机。在对住区外环境的处理上，灯光和色彩往往是不可分割的，如何运用灯光色彩提高空间环境的使用价值，在特殊的环境条件下创造出满足使用者需求的特色空间，已经成为了住区外环境设计中的一项值得关注的问题。多数散步者并不选择弯弯曲曲的小径，而是选择平坦而宽阔的步道，也很少光顾有上下台阶的步道，同时更乐于靠近与自己一样的活动者。夜晚灯光太暗、位置太偏的地点是少人问津的，这与对环境的认知程度有关，也和对安全的考虑有关。

灯光从形态上有点、线、面之分；从光源使用方式上有直射和漫射之分；从色彩上有冷色和暖色之分；从照度上有强光和弱光之分，即主光和辅助光之分；从氛围上分有热烈辉煌的、宁静优雅、活泼动感等；从使用方式上分，可以说每一种活动方式都会有相应的照明方式，其变化可谓是无穷无尽（图6-69）。合理巧妙地应用灯光的这些物性，可使设计多姿多彩、变化万千。灯光在用于空间照明、烘托气氛的同时，和环境中物体的搭配也应进行设计。因为物体的颜色不仅是随着灯光照度高低而变化，而且也随光源色不同而产生变化。比如，当光源色是同系色时，物体色彩减弱；当光源色是互补色时，物体显得发暗（图6-70）。

图6-69　常见的照明方式

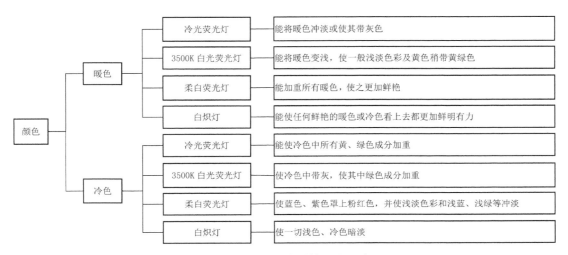

图6-70　灯光对色彩效果的影响

资料来源：易乐.试论建筑色彩的心理效应及其应用[J]，华中建筑，1993，11(9):62.

严寒地区城市纬度高,冬季日照时间短,如哈尔滨市全年日照时数低于7h的天数有3个月,重视住区夜晚景观照明的装饰作用,对于改善住区夜间色彩环境形象、促进居民冬季夜生活具有非同寻常的意义。科学选择路灯光色可提高人的热舒适感,钠灯的温暖光色比汞灯的冷白光色更能创造出温馨的环境氛围;各色彩灯又可为景物塑造出与白天完全不同的色彩和形象,成为居民夜间活动的观赏中心。

（1）单元入口照明

白炽灯、低色温荧光灯、高压钠灯等的色温较低,在心理上会产生温暖的感觉,在冬天的住区单元入口及步行道上使用,会让人感觉温暖、舒服。住宅的窗户透出的灯光可以让人感到温暖和亲切,同时还会给周围环境带来柔和的照明。在夜晚住宅的灯熄灭后,面向室外的单元入口处的灯光应保持常亮,它们可以带来道路照明中难以提供的温暖感和安定感,这种从建筑物入口处照出的灯光对营造社区气氛有重要的作用。

（2）步行道照明

照明分级是基于不同区域和活动场地的使用功能而确定的,有效的分级照明有助于使用者在夜间室外活动时确定方位。例如,主要道路、次要道路、小径及不同功能区域之间可以有微妙但足以辨别的照明差异,这可以通过变换光线的分布和亮度,改变其高度、间距和色彩来实现。沿交通线路布置高照度的照明并不是室外照明必须考虑的要素,如果配置清楚而连贯的照明系统,低照度照明一样可以满足交通安全的需要。

低于视线高度的灯光具有较好的引导性,用在步行道可以使使用者夜晚活动结束回家时的路变得更加安全舒适（图6-71）。照明灯按形式分主要包括:草坪灯,是草坪周边重要的照明景观设施,间距适合为6~10m;地灯,又称地理灯或藏地灯,是镶嵌在地面上的照明设施,通过对植被、步行道进行照明,使使用者在夜晚能更安全通过,使步行道的气氛变得更浪漫轻松、植物花草更婀娜多姿;壁灯,指安装在墙壁上,对附近景观进行照明,并以优美的造型装饰墙体的照明设施,分有嵌入式和非嵌入式,其中嵌入式特别适于住区台阶处的照明（图6-72）。

（3）植物照明

照明会给住区的冬季带来色彩,也会给已有色彩的明度和纯度带来变化。植物是最富自然和戏剧性的表现对象,其本身的颜色经过照明塑造后,色彩饱和度更高,明暗对比更强烈,极富艺术性。植物的观赏特性分为观形、观枝干、观叶、观花、观草、观果六类,严寒地区城市住区冬季和初春主要需要考虑观枝干的照明设计。一般植物照明使用最多的光源有白光（包括金卤灯与高压汞灯）、绿光（金卤灯）和黄光（高压钠灯）等几种。高压汞灯照射绿叶植物效果最好,可以用于冬季不凋零的松柏,这是因为高压汞灯的短波辐射较多,被照物体的蓝绿色可得到较好的显现。对于黄绿色植物,应选择金卤灯。它的绿光较多,可以改善黄绿叶植物的黄色部分,使之看起来更绿,可以用于晚秋的杨树变黄的叶片和早春的连翘黄花。为了增强金黄色的感受,秋天银杏树的照明

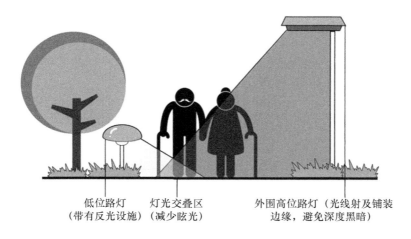

图6-71　低位路灯和高位路灯

资料来源: Castens D Y. Site Planning and Design for the Elderly: Issues, Guidelines, and Alternatives[M]. New York: Wiley, 1993 .

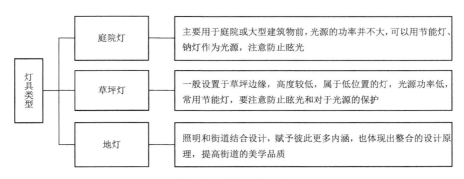

图6-72　部分灯具应用

应该选择白光金卤灯。红叶植物的照明应选择金卤灯，其效果比选择绿光照明更优。此外，植物照明也要注意防止眩光，避免灯光直接照射到使用者的眼睛。

6.5　本章小结

本章在前几章的研究基础上，从严寒地区住区场地规划与设计、公共空间活动场地规划与设计、公共空间绿化景观规划与设计、公共空间环境设施与小品设计几个方面，对严寒地区住区公共空间提出了较为全面的整体优化设计策略，提出了有针对性的规划设计方法。通过设计策略的研究，为形成严寒地区住区的冬季友好公共空间提供有效手段，为今后严寒地区住区的规划设计提供一定的理论指导。

参 考 文 献

［1］卜雪旸. 可持续发展指针导向的住区公共开放空间规划——以天津市安南里旧居住街区公共开放空间更新规划为例[J]. 城市规划, 2011(4): 86-90.

［2］冷红. 寒地城市环境的宜居性研究[M]. 北京: 中国建筑工业出版社, 2009.

［3］蒋存妍, 冷红. 寒地城市过渡季节住区公共空间气候舒适性分析及规划启示——以哈尔滨为例[J]. 城市建筑, 2017(1): 29-32.

［4］Rogers W C, Hanson J K .The Winter City Book[M]. Edina Minnesota: Dorn Books, 1980.

［5］冷红, 郭恩章, 袁青. 气候城市设计对策研究[J]. 城市规划, 2003, 27(9): 49-54.

［6］维特鲁威. 建筑十书[M]. 高履泰译. 北京: 知识产权出版社, 2001.

［7］吉沃尼 B. 人·气候·建筑[M]. 陈士麟译. 北京: 中国建筑工业出版社, 1982.

［8］张晓猛. 城市开敞空间景观微气候设计[D]. 杭州: 浙江农林大学, 2012.

［9］冷红, 袁青. 国际寒地城市运动回顾及展望[J]. 城市规划学刊, 2003(6): 81-85.

［10］奇普·沙利文. 庭园与气候[M]. 沈浮, 王志珊译. 北京: 中国建筑工业出版社, 2005.

［11］姚润明, 昆·斯蒂摩司, 李百战. 可持续城市与建筑设计[M]. 北京: 中国建筑工业出版社, 2006.

［12］徐小东. 基于生物气候条件的绿色城市设计生态策略研究[D]. 南京: 东南大学, 2005: 6-7, 76-77, 80-82.

［13］Givoni B, Noguchi M. Issues and problems in outdoor comfort research[C]. Proceedings of the PLEA'2000 Conference, Cambridge, 2000: 6.

［14］Noguchi M, Givoni M. Outdoor comfort as a factor in sustainable towns[C]. Proceedings of the Second International Conference for Teachers in Architecture, Florence, 1997: 10.

［15］Oke T R. Street design and urban canopy layer climate[J]. Energy and Buildings, 1988(11): 103-113.

［16］Givoni B, Noguchi M, Saaroni H, et al. Outdoor comfort research issues[J]. Energy and Buildings, 2003(1): 77-86.

［17］Ichinose T. Regional warming related to land use change during recent 135 years in Japan[J]. Journal of Global Environment Engineering, 2003, 9(10): 101-108.

［18］Barton H, Davis G, Guise R. Sustainable settlements: a guide for planners, designers and developers[R]. New York: World Architecture Special Report, 1995: 18.

[19] Emmanuel R. An Urban Approach to Climate-sensitive Design[M]. London: Spon Press, 2005: 5-35.

[20] Harayama K, Ooka R, Yoshida S, et al. Proposal of new contribution ratio of outdoor climate to evaluate outdoor thermal environment[C]. Proceedings of National Symposium on Wind Engineering, Kyoto.

[21] Littlefair P J, Santamouris M, Alvarez S. Enviromental Site Layout Planning: Solar Access, Microclimate and Passive Cooling in Urban Areas[M]. London: BRE Press, 2000: 1-30.

[22] Baskaran A, Stathopoulsa T. Computational evaluation of wind effects on buildings[J]. Building and Environment, 1989, 24(4): 325-333.

[23] Chow D H C, Levermore G, Jones P, et al. Extreme and near-extreme climate change data in relation to building and plant design[J]. Building Service Engineering Research and Technology, 2002, 23(4): 233-242.

[24] Chow W K. Application of computational fluid dynamics in building services engineering[J]. Building and Environment, 1996, 31(7): 425-436.

[25] Peter F. Architecture in a Climate of Change: A Guide to Sustainable Design[M]. New York: Academic Press, 2001: 1-50.

[26] Merrens E. Bioclimate and city planning-open space planning[J]. Atmospheric Environment, 1999(33): 24-25.

[27] Honjo T. Thermal comfort in outdoor environment[J]. Global Environmental Research, 2009(2): 26-28.

[28] Steemers K. Energy and the city: Density, buildings and transport[J]. Energy and Buildings, 2003, 35(1): 3-14.

[29] Ng E, Chen L, Wang Y, et al. A study on the cooling effects of greening in a high-density city: an experience from Hong Kong[J]. Building and Environment, 2012, 47(1): 256-271.

[30] Giridharan R, Lau S S Y, Ganesan S, et al. Lowering the outdoor temperature in high-rise high-density residential developments of coastal Hong Kong: the vegetation influence[J]. Building and Environment, 2008, 43(10): 1583-1595.

[31] Winslow C E A, Herrington L P, Gagge A P. Physiological reactions of the human body to varying environmental temperatures[J]. American Journal of Physiology, 1937, 120(11): 1-22.

[32] Winslow C E A, Herrington L P, Gagge A P. Physiological reactions and sensations of pleasantness under varying atmospheric conditions[J].Transactions of the American Society of Heating and Ventilating Engineers,1938(44): 179-196.

[33] Olgyay V. Design with Climate[M]. Princeton: Princeton University Press, 1963: 1-48.

[34] Spagnolo J, Dear R. A field study of thermal comfort in outdoor and semi-outdoor environments in subtropical Sydney Australia[J]. Building and Environment, 2003(38): 721-738.

[35] Gehl J. Life between Buildings: Using Public Space[M]. Copenhagen: Danish Architecture Press, 1971.

[36] Li S. Users' behavior of small urban spaces in winter and marginal seasons[J]. Journal of the Kyushu Dental Society, 1994(10): 95-109.

[37] Nagara K, Shimoda Y, Mizuno M. Evaluation of the thermal environment in an outdoor pedestrian space[J]. Atmospheric Environment, 1996, 30(3): 497-505.

[38] Ahmed K S. Comfort in urban spaces: Defining the boundaries of outdoor thermal comfort for the tropical urban environments[J]. Energy and Buildings, 2003, 35:103-110.

[39] Ali-Toudert F, Mayer H. Numerical study on the effects of aspect ratio and orientation of an urban street canyon on outdoor thermal comfort in hot and dry climate[J]. Building and Environment, 2006, 41: 94-108.

[40] Cheng V, Ng E. Thermal comfort in urban open spaces for Hong Kong[J]. Architectural Science Review, 2006, 49(3): 236-242.

[41] Katzschner L, Thorsson S. Microclimate investigations as tool for urban design[C]. The 7th International Conference on Urban Climate, Yokohama, 2009.

[42] Eliasson I, Knez I, Westerberg U, et al. Climate and behaviour in a Nordic city[J], Landsc. Urban Plan, 2007, 82: 72-84.

[43] Lai D, Guo D, Hou Y, et al. Studies of outdoor thermal comfort in northern China[J]. Building and Environment, 2014, 77: 110-118.

[44] Gulyas A, Unger J, Matzarakis A. Assessment of the microclimatic and human comfort conditions in a complex urban environment[J]. Building and Environment, 2006(12): 1713-1722.

[45] Nikolopoulou M, Baker N, Steemers K. Thermal comfort in outdoor urban space: Different forms of adaptation[C]. 1999 REBUILD International Conference: The Cities of Tomorrow, Barcelona, 1999.

[46] Harlan S L, Brazel A J, Prashad L, et al. Neighborhood microclimates and vulnerability to heat stress[J]. Social Science & Medicine, 2006, 63(11): 2847-2863.

[47] Gaitani N, Mihalakakou G, Santamouris M. On the use of bioclimatic architecture principles in order to improve thermal comfort conditions in outdoor spaces[J]. Building and Environment, 2007(1): 317-324.

[48] Walton D, Dravitzki V, Donn M. The relative influence of wind, sunlight and temperature on user comfort in urban outdoor spaces[J]. Building and Environment, 2007(9): 3166-3175.

[49] Ochoa J, Marincic I, Villa H. Designing outdoor spaces with COMFORT-EX[C]. International Workshop on Energy Performance and Environmental Quality of Buildings, Milos Island, 2006: 4.

[50] Metje N, Sterling M, Baker C J. Pedestrian comfort using clothing values and body temperatures[J]. Journal of Wind Engineering and Industrial Aerodynamics, 2008(4): 412-435.

[51] Ono T, Murakami S, Ooka R. Numerical and experimental study on convective heat transfer of the human body in the outdoor environment[J]. Journal of Wind Engineering and Industrial Aero Dynamics, 2008(11): 1719-1732.

[52] Yang X S, Zhao L H, Bruse M, et al. Evaluation of a microclimate model for predicting the thermal behavior of different ground surfaces[J]. Building and Environment, 2013(60): 93-104.

[53] Lai D, Zhou C B, Huang J X, et al. Outdoor space quality: A field study in an urban residential community in central China[J]. Energy and Buildings, 2013(2): 1-8.

[54] Nikolopoulou M, Lykoudis S. Thermal comfort in outdoor urban spaces: Analysis across different European countries[J]. Building and Environment, 2006(11): 1455-1470.

[55] Nikolopoulou M, Baker N, Steemers K. Thermal comfort in outdoor urban spaces: Understanding the human parameter[J]. Solar Energy, 2001, 70: 227-235.

[56] Nikolopoulou M, Steemers K. Thermal comfort and psychological adaptation as a guide for designing urban spaces[J]. Energy and Buildings, 2003, 35(1): 95-101.

[57] Zacharias J, Stathopoulos T, Wu H. Microclimate and downtown open space activity[J]. Environment and Behavior, 2001, 33: 296-315.

[58] Thorsson S, Lindqvist M, Lindqvist S. Thermal bioclimatic conditions and patterns of behaviour in an urban park in Goteborg[J]. International Journal of Biometeorology, 2004, 48: 149-156.

[59] Katzschner L. Behaviour of people in open spaces in dependence of thermal comfort conditions[C]. The 23rd Conference on Passive and Low Energy Architecture, Geneva, 2006.

[60] Thorsson S, Honjo T, Lindberg F, et al. Thermal comfort and outdoor activity in Japanese urban public places[J]. Environment and Behavior, 2007, 39: 660-684.

[61] Nikolopoulou M, Lykoudis S. Use of outdoor spaces and microclimate in a Mediterranean urban area[J]. Building and Environment, 2007, 42(10): 3691-3707.

[62] Lin T. Thermal perception, adaptation and attendance in a public square in hot and humid regions[J]. Building and Environment, 2009, 44: 2017-2026.

[63] Knez I, Thorsson S. Thermal, emotional and perceptual evaluations of a park: Cross-cultural and environmental attitude comparisons[J].Building and Environment, 2008, 9(43): 1483-1490.

[64] Fanger P O. Thermal comfort: Analysis and applications in environmental engineering[J]. Thermal Comfort Analysis & Applications in Environmental Engineering, 1970(10): 25-29.

[65] 李丞. 基于规划要素的住区热环境特征研究[D]. 北京: 清华大学, 2012.

[66] 张涛. 城市中心区风环境与空间形态耦合研究——以南京新街口中心区为例[D]. 南京: 东南大学, 2015.

[67] 孙欣. 城市中心区热环境与空间形态耦合研究——以南京新街口为例[D]. 南京: 东南大学, 2015.

[68] 钱舒皓. 城市中心区声环境与空间形态耦合研究——以南京新街口为例[D]. 南京: 东南大学, 2015.

[69] 邹源. 光环境测试系统精确性研究[D]. 天津: 天津大学, 2010.

[70] 任跃. 中等热环境舒适性测试方法研究[D]. 天津: 天津大学, 2010.

[71] 陈铖. 天津大学校园夏季室外热环境研究[D]. 天津: 天津大学, 2013.

[72] 刘立创. 某住区行人高度风环境的风洞试验研究[D]. 广州: 华南理工大学, 2014.

[73] 刘静. 室外环境遮阳对住区热环境的影响研究[D]. 广州: 华南理工大学, 2012.

[74] 甘源. 住区热环境规划与微气候设计研究[D]. 重庆: 重庆大学, 2010.

[75] 赵炎. 住宅小区室外热环境的实测与模拟[D]. 重庆: 重庆大学, 2008.

[76] 金振星. 不同气候区居民热适应行为及热舒适区研究[D]. 重庆: 重庆大学, 2011.

[77] 窦懋羽. 重庆市住宅小区热环境分析和设计策略研究[D]. 重庆: 重庆大学, 2007.

[78] 吴鑫. 基于 CFD 技术的住区室外风环境设计研究[D]. 重庆: 重庆大学, 2015.

[79] 李维臻. 寒冷地区城市住区冬季室外热环境研究[D]. 西安: 西安建筑科技大学, 2015.

[80] 孟晗. 高层住宅小区风环境数值模拟研究[D]. 西安: 西安建筑科技大学, 2015.

[81] 刘世文. 青藏高原住区微气候及调控方法研究[D]. 西安: 西安建筑科技大学, 2013.

[82] 乔慧. 寒冷地区住宅的风环境及相关节能设计研究[D]. 西安: 西安建筑科技大学, 2007.

[83] 赵天宇, 李昂. 寒地城市居住区冬季适宜性公共空间设计方法研究[J]. 住宅产业, 2013(08): 42-45.

[84] 陆明, 陈书欣, 邢军. 哈尔滨市高层住区太阳辐射动态分析及评价[C]//中国城市规划学会. 城市时代, 协同规划——2013中国城市规划年会论文集. 北京: 中国城市规划学会, 2013: 12.

[85] 伊娜, 冷红. 基于关联分析的高层住区布局模式微气候评定——以哈尔滨高层住区为例[C]//中国城市规划学会. 城乡治理与规划改革——2014中国城市规划年会论文集. 北京: 中国城市规划学会, 2014: 25.

[86] 姚雪松, 冷红. 哈尔滨市高层住区户外微气候环境优化对策[C]//中国城市规划学会. 城市规划和科学发展——2009中国城市规划年会论文集. 北京: 中国城市规划学会, 2009: 11.

[87] 李宝鑫, 张津奕, 杨波, 等. 基于场地太阳辐射与室外风场模拟的住宅建筑布局方法研究[J]. 建筑节能, 2015(11): 79-83.

[88] 张伟. 居住小区绿地布局对微气候影响的模拟研究[D]. 南京: 南京大学, 2015: 22-24.

[89] 李晗, 吴家正, 赵云峰, 等. 建筑布局对住宅住区室外微环境的影响研究[J]. 建筑节能, 2016(03): 57-63.

[90] 李建成, 王凌, 李鹏. 夏热冬暖地区居住小区的阴影率[J]. 西安建筑科技大学学报(自然科学版), 2001(04): 387-391.

[91] 郑洁. 夏热冬冷地区居住小区户外空间气候适应性设计策略研究[D]. 武汉: 华中科技大学, 2005: 25-30.

[92] 李云平. 寒地高层住区风环境模拟分析及设计策略研究[D]. 哈尔滨: 哈尔滨工业大学, 2007: 18-20.

[93] 都桂梅. 几种典型布局住宅小区风环境数值模拟研究[D]. 长沙: 湖南大学, 2009: 22-24.

[94] 王玲. 适应夏热冬冷地区气候的城市设计策略研究[D]. 哈尔滨: 哈尔滨工业大学, 2010: 48-50.

[95] 吴晓冬.寒冷地区住区组团布局的微气候适应性研究[D].西安:长安大学,2010:18-24.

[96] 王伟武,邵宇翎.高层住区夏季昼间室外热环境三维分布规律研究——以杭州市为例[J].建筑学报, 2011(02):23-27.

[97] 崔浩,袁敬诚,王亮.基于微气候优化的寒地住区布局模式研究[C]//中国城市规划学会.多元与包容——2012中国城市规划年会论文集.北京:中国城市规划学会,2012:14.

[98] 金虹,邵腾.严寒地区乡村民居节能优化设计研究[J].建筑学报,2015(S1):218-220.

[99] 金虹,邵腾,赵丽华.严寒地区建筑入口空间节能设计对策[J].建设科技,2014(21):40-42.

[100] 邵腾,金虹.严寒地区乡村民居冬季室内热环境测试分析[J].建筑技术,2016(10):883-886.

[101] 周雪帆.城市空间形态对主城区气候影响研究[D].武汉:华中科技大学,2013:1-185.

[102] 陈宏,李保峰,张卫宁.城市微气候调节与街区形态要素的相关性研究[J].城市建筑,2015(31): 41-43.

[103] 齐梦楠.北京商业步行街微气候适应性空间优化研究[D].北京:北方工业大学,2016:1-116.

[104] 刘翁劫,刘克旺.株洲城市街区夏日温度分布与街道特征关系的研究[J].湖南林业科技,2005(2): 11-13.

[105] 刘滨谊,魏冬雪,李凌舒.上海国歌广场热舒适研究[J].中国园林,2017(4):5-11.

[106] 庄晓林,段玉侠,金荷仙.城市风景园林小气候研究进展[J].中国园林,2017(4):23-28.

[107] 董芦笛,李孟柯,樊亚妮.基于"生物气候场效应"的城市户外生活空间气候适应性设计方法[J]. 中国园林,2014(12):23-26.

[108] 董芦笛,樊亚妮,李冬至,等.西安城市街道单拱封闭型林荫空间夏季小气候测试分析[J].中国园林,2016(1):10-17.

[109] 刘滨谊,梅敏,匡纬.上海城市居住区风景园林空间小气候要素与人群行为关系测析[J].中国园林, 2016(1):5-9.

[110] 张德顺,李宾,王振,等.上海豫园夏季晴天小气候实测研究[J].中国园林,2016(1):18-22.

[111] 罗庆.基于图像分析的城市建筑群室外热环境研究[D].重庆:重庆大学,2006:4.

[112] 唐鸣放,张恒坤,赵万民.户外公共空间遮阳分析[J].重庆建筑大学学报,2008(3):5-8.

[113] 朱岳梅,刘京,李炳熙,等.城市规划实践中的热气候评价[J].哈尔滨工业大学学报,2011(6):61-64.

[114] 饶峻荃.广州地区街区尺度热环境与热舒适度评价[D].哈尔滨:哈尔滨工业大学,2015:12-15.

[115] 麻连东.基于微气候调节的哈尔滨多层住区建筑布局优化研究[D].哈尔滨:哈尔滨工业大学, 2015:42-44.

[116] 钱炜,唐鸣放.城市户外环境热舒适度评价模型[J].西安建筑科技大学学报(自然科学版), 2001(03):229-232.

[117] 曾煜朗.步行街道微气候舒适度与使用状况研究[D].成都:西南交通大学,2014:19-20.

[118] 卜政花,周春玲,颜凤娟.广场和草坪夏季微气候及人体舒适度研究[J].北方园艺,2010(24):123- 127.

[119] 晏海, 王雪, 董丽. 华北树木群落夏季微气候特征及其对人体舒适度的影响[J]. 北京林业大学学报, 2012(5): 57-63.

[120] 薛俊杰. 徽州传统聚落夏季户外热舒适度的实测分析[D]. 合肥: 安徽建筑大学, 2015: 26-28.

[121] 冯丽, 赵亚洲, 马晓燕. 基于婴幼儿微气候舒适度的北京市居住区景观规划策略探讨[J]. 农业科技与信息(现代园林), 2014(11): 57-61.

[122] 茅艳. 人体热舒适气候适应性研究[D]. 西安: 西安建筑科技大学, 2007: 29-31.

[123] 蔡强新. 既有居住区室外环境热舒适性研究[D]. 杭州: 浙江大学, 2010: 37-39.

[124] 陈睿智, 董靓. 基于游憩行为的湿热地区景区夏季微气候舒适度阈值研究——以成都杜甫草堂为例[J]. 风景园林, 2015(6): 55-59.

[125] 陈睿智, 董靓, 马黎进. 湿热气候区旅游建筑景观对微气候舒适度影响及改善研究[J]. 建筑学报, 2013(S2): 93-96.

[126] 董靓. 湿热气候区旅游景区的微气候舒适度研究[J]. 学术动态, 2010(2): 1-3.

[127] 陈睿智, 董靓. 国外微气候舒适度研究简述及启示[J]. 中国园林, 2009(11): 81-83.

[128] 同济大学城规学院. 城市规划资料集(第7册): 城市住区规划[M]. 北京: 中国建筑工业出版社, 2005.

[129] 李睿煊, 李香, 张盼. 从空间到场所:住区户外环境的社会维度[M]. 大连:大连理工大学出版社, 2009.

[130] 李道增. 环境行为学概论[M]. 北京: 清华大学出版社, 1999.

[131] 李斌. 环境行为学的环境行为理论及其拓展[J]. 建筑学报, 2008(2): 30-33.

[132] 张京渤. 老年人社区户外空间适应性研究[D]. 北京: 北京林业大学, 2006.

[133] 赵俊燕. 基于老龄群体行为特征下的养老院景观设计研究[D]. 西安: 西安建筑科技大学, 2015.

[134] 王江萍. 老年人居住外环境规划与设计[M]. 北京: 中国电力出版社, 2009.

[135] 贺佳. 建成社区居家养老生活环境研究——以上海市S社区为例[D]. 上海: 同济大学, 2008.

[136] 周燕珉. 老年住宅[M]. 北京: 中国建筑工业出版社, 2011.

[137] 巴鲁克·吉沃尼. 建筑设计和城市设计中的气候因素[M]. 汪芳, 阚俊杰, 张书海, 等译. 北京: 中国建筑工业出版社, 2011.

[138] 刘德明. 寒地城市公共环境设计[D]. 哈尔滨: 哈尔滨建筑大学, 1998.

[139] 陈日益. 老年人的冬季保健[J]. 健康人生, 2006(1): 43.

[140] 康爽, 朱秀英. 寒冷地区中老年人骨质疏松认知水平调查分析[J]. 中国骨质疏松杂志, 2008, 14(6): 402-404.

[141] 贝润浦. 冬季常见老年病的中医防治[J]. 上海中医药杂志, 1986(1): 38.

[142] 邬效林. 冬季老年人心理保健[J]. 长寿, 1994(12): 42.

[143] 许天红. 老年人的冬季心理养生[J]. 保健医苑, 2010(12): 10-12.

[144] 柏春. 城市气候设计[D]. 上海: 同济大学, 2005: 18.

附　　录

调研日期：____时刻：____住区：____活动类型：____所在点：____调研员：____

您好，我们是哈尔滨工业大学建筑学院的研究生，感谢您给予本次研究所做的帮助，我们保证问卷相关信息只用作科学研究，问卷不记名，请您放心如实填写。

1. 您的性别：

  A. 男____   B. 女____

2. 您的年龄：____岁

3. 您是本小区住户还是外小区游客？

  A. 本小区住户 B. 外小区游客

4. 您来此处的活动频率？（单选）

  A. 每天____次 B. 每周____次 C. 每月____次

  D. 只节假日来 E. 很少来   F. 第一次

5. 您一般什么季节来此处活动？（多选）

  A. 春季 B. 夏季 C. 秋季 D. 冬季

6. 您来此广场的目的是？（多选）

  A. 陪孩子玩耍 B. 休息、放松 C. 锻炼身体

  D. 打发时间 E. 聊天   F. 晒太阳   G. 其他_____

7. 您一般在什么时间段来此广场？（多选）

  A. 早上（6:00～9:00） B. 上午（9:00～12:00） C. 中午（12:00～14:00）

  D. 下午（14:00～16:00） E. 傍晚（16:00～18:00） F. 晚上（18:00～20:00）

8. 您觉得以下哪种情况会影响您在此处的活动感受？（多选）

  A. 没有阳光 B. 风大 C. 天气冷 D. 天气干燥 E. 天气潮湿

9. 您平时喜欢到什么地方进行活动？（多选）

  A. 本住区活动广场 B. 其他住区活动广场

  C. 城市广场、公园 D. 家中

10. 您进行户外活动是否主要考虑天气状况？（单选）

  A. 是 B. 不是 C. 不确定

11. 温度高低对您进行户外活动的影响大吗？（单选）

    A. 影响很大   B. 有影响   C. 影响很小   D. 没有影响

12. 您进行户外锻炼的主要目的是什么呢？（多选）

    A. 打发时间   B. 为了身体健康   C. 愉悦心情   D. 其他_____

13. 您觉得自己身体机能的哪方面需要改善？（多选）

    A. 腰腿肌肉   B. 心肺器官   C. 血压血脂血糖

    D. 听觉、视觉   E. 大脑、思维   F. 其他_____

14. 您有进行针对身体健康的锻炼吗？（单选）

    A. 有   B. 没有

15. 针对以上身体状况您希望在什么天气环境中锻炼？（多选）

    A 有阳光   B. 不刮风   C. 温暖   D. 湿润   E. 其他_____

16. 您本次活动进行多久了？（单选）

    A. 10分钟以下   B. 10~30分钟   C. 30~60分钟

    D. 60~90分钟   E. 90分钟以上

17. 本次活动在这里是否感到舒适？（单选）

    A. 很不舒适   B. 有点不舒适   C. 舒适   D. 很舒适   E. 非常舒适

18. 您觉得现在的风大小呢？（单选）

    A. 没风   B. 较小   C. 中等   D. 较大   E. 非常大

19. 您觉得现在温度怎么样？（单选）

    A. 非常冷   B. 有点冷   C. 正好   D. 有点热   E. 非常热

20. 您觉得此时的阳光怎么样？（单选）

    A. 无阳光   B. 较弱   C. 适中   D. 充足   E. 强烈

21. 您觉得现在的湿度怎么样？（单选）

    A. 非常干燥   B. 有点干燥   C. 适中   D. 有点潮湿   E. 很潮湿

22. 您喜欢此活动场地吗？（单选）

    A. 不喜欢   B. 一般   C. 喜欢   D. 很喜欢

23. 您对在此处进行户外活动还有什么想法和意见、建议吗？

_____

_____

_____

附录2　现状住区统计

哈尔滨现状住区基本信息统计表

住区名称	住区广场面积/m²	广场形状	宽高比	长宽比
民生尚都	2750	正方形	0.50	1.10
民生尚都西区	18900	带状	0.70	3.90
民生尚都北区	12000	矩形	1.00	1.20
民生尚都东区	9680	矩形	1.12	1.25
民生尚都瑞园	4992	矩形	3.00	1.20
民生尚都怡园	3990	矩形	1.75	3.30
宜居家园	3250	三角形	1.25	2.60
宜居家园东区	4080	矩形	2.40	1.80
阳光颐养花园	1800	矩形	1.50	2.00
山水家园	3955	矩形	1.75	3.20
远大都市明珠	8500	多边形	1.30	1.20
天薇丽景园	4760	矩形	1.75	3.90
新城花园	1849	正方形	2.15	1.00
天昊·百年俪景	3500	圆形	0.70	1.00
新城小区	4500	矩形	3.00	1.30
群力新苑A区	5300	矩形	2.65	1.90
漫步巴黎	9500	不规则	2.00	1.00
上和园著	2500	矩形	0.20	1.00
丽水丁香园	8400	L型	2.00	4.30
群力玫瑰湾	11500	不规则	2.50	1.20
宝石花园	11270	三角形	2.45	2.30
海富第五大道	8836	正方形	1.20	1.00
恒盛·豪庭	18000	矩形	0.77	5.00
群力·观江国际	13800	不规则	0.77	1.00
群力新城	9200	不规则	1.00	1.50
盛和世纪	11200	不规则	0.80	1.70
盛和天下	4000	椭圆	0.44	8.80
天鹅湾·赫郡	11700	不规则	1.80	1.40
美晨家园	10020	带状	1.50	11.30
鑫都·丽水雅居	4611	矩形	1.04	1.60
报达文化嘉园	1600	正方形	2.00	1.00

续表

住区名称	住区广场面积/m²	广场形状	宽高比	长宽比
迎宾家园	1200	正方形	1.50	1.30
清河湾C区	1200	正方形	1.50	1.30
中房金蓝湾	5100	矩形	0.64	2.00
祥泰人家	810	三角形	0.90	1.25
清河湾	2000	矩形	1.25	3.20
清河湾西区	1932	矩形	2.10	1.10
天合俊景B区	6500	多边形	0.70	1.40
南方花园	1800	带状	0.90	5.60
荣耀天地	9350	三角形	0.60	1.50
恒祥城	26325	多边形	1.20	1.90
都市秀景	1980	带状	1.10	4.10
新天地家园	1200	带状	0.50	12.00
海富康城	4700	带状	1.00	11.70
河柏小区	14550	矩形	4.85	1.50
河松小区	9198	矩形	3.65	1.70
河松小区二期	5200	矩形	2.00	3.30
河松小区三期	4050	多边形	2.25	2.00
运华广场	5500	半圆形	2.50	2.20
财智时代	1425	正方形	1.00	6.30
河源小区	6400	正方形	4.00	1.00
华风江畔小区	1296	正方形	1.80	1.00
锦江绿色家园	5400	带状	1.50	6.00
河政花园住宅小区	9045	带状	2.25	4.40
河政花园住宅B区	2340	矩形	1.75	1.90
正阳花园丁香名苑	2580	矩形	2.15	1.40
紫金城	12150	矩形	0.90	1.50
欧洲新城	3045	矩形	1.46	2.00
建国怡园小区	<1000	正方形	<1.00	1.00
通达馨园小区	<1000	正方形	<1.00	1.00
正阳花园	2750	T字形	1.50	2.00
居庆家和居	1500	矩形	1.50	1.70
光华小区	1200	矩形	1.50	1.30

住区名称	住区广场面积/m²	广场形状	宽高比	长宽比
通达街铁路小区	1300	矩形	0.70	1.20
品阁	2000	带状	1.00	5.00
凯旋城	2800	矩形	0.42	2.30
福乐湾	2000	多边形	1.50	1.00
中心家园	4800	矩形	0.53	1.90
上实盛世江南	16000	矩形	1.11	1.60
润园	4800	矩形	0.80	3.00
锦园	16800	矩形	0.60	1.50
紫园	2720	矩形	0.64	2.70
工程小区	2450	多边形	1.75	2.00
安道小区	<1000	正方形	<1.00	1.00
安国小区	<1000	正方形	<1.00	1.00
安顺小区	<1000	正方形	<1.00	1.00
经北小区	<1000	正方形	<1.00	1.00
北安小区	<1000	正方形	<1.00	1.00
安平小区	<1000	正方形	<1.00	1.00
安祥小区	<1000	正方形	<1.00	1.00
民安小区	<1000	正方形	<1.00	1.00
地德里小区	<1000	正方形	<1.00	1.00
警校小区	1680	矩形	1.00	4.20
霓虹小区	810	矩形	1.35	1.10
尚志小区	<1000	矩形	<1.00	1.00
井街小区	<1000	矩形	<1.00	1.00
友谊物业小区	1500	矩形	1.00	3.80
荣耀上城	4900	正方形	0.70	1.00
中财雅典园	4000	矩形	1.10	2.50
宝宇·天邑澜湾	14432	矩形	0.73	1.90
东升江畔	4788	矩形	0.60	1.50
尚金华府3期	5360	矩形	0.40	3.90
东莱祥泰花园	2700	带状	0.75	12.00
太古新天地	1950	矩形	1.50	2.20
景阳世家	1100	矩形	1.10	2.30

住区名称	住区广场面积/m²	广场形状	宽高比	长宽比
北兴教育园A区	1800	矩形	1.50	2.00
北兴教育园B区	4050	矩形	2.50	1.60
世纪龙滨	1690	矩形	1.30	2.50
保障华庭小区	3840	带状	0.80	15.00
正大龙生花园	2788	矩形	1.70	2.40
好民居滨江新城	1260	矩形	1.50	1.40
轩辕花园	3575	矩形	2.75	1.20
江畔·方园西区	1380	矩形	1.15	2.60
江畔·方园二期	1452	矩形	1.10	3.00
滨江凤凰城北区	2040	矩形	1.70	1.80
滨江凤凰成	3060	带状	0.85	10.60
滨江新城	2100	矩形	0.45	1.70
沿江老年公寓	6480	正方形	1.20	1.20
麒麟华府	2480	多边形	0.80	1.00
皇家花园	2420	矩形	1.10	5.00
北环俊景	2100	三角形	1.75	1.70
祥泰名苑	3200	矩形	2.50	1.30
水利小区	782	矩形	1.15	1.50
南棵绿荫小区西区	1200	矩形	1.50	1.10
南棵绿荫小区东区	1200	矩形	1.00	3.00
南棵绿荫小区同心苑	1528	凸字形	1.00	1.00
南棵绿荫小区和谐苑	1200	矩形	0.75	6.00
南棵绿荫小区百程苑	1150	矩形	0.85	2.00
泰富·长安城	13000	带状	2.00	8.10
维也纳河畔新城	2400	带状	0.80	9.40
太平小区三期	1680	带状	0.75	7.50
蓝筹七彩阳光小区	3960	带状	1.50	4.40
红河五街区	2464	矩形	1.10	2.50
馨美家园	500	正方形	0.75	1.00
报达文化商住小区	300	带状	0.60	1.00
药六嘉园	5635	矩形	1.75	4.60
红河教师住宅小区	1953	矩形	1.55	2.00

住区名称	住区广场面积/m²	广场形状	宽高比	长宽比
宏伟嘉园	3864	矩形	1.40	1.90
红平小区	<1000	正方形	<1.00	1.00
宇轩花园东区	2784	多边形	2.40	1.20
红旗小区二期	6678	矩形	3.15	1.70
富达蓝山	5130	矩形	0.54	1.80
永平小区	7215	矩形	1.85	5.30
文化家园	9016	矩形	2.45	3.80
盟科观邸	7200	正方形	0.60	1.00
红星花园	1400	矩形	1.00	3.50
气动院小区	<1000	矩形	<1.00	1.00
中发郦苑	<1000	正方形	<1.00	1.00
花园小区	585	矩形	<1.00	1.00
金河小区	<1000	正方形	<1.00	1.00
大自然家园	2700	梯形	2.75	2.00
龙福家园	2500	正方形	2.50	1.00
海富·金棕榈	7896	矩形	0.50	3.60
华山小区	<1000	正方形	<1.00	1.00
中植方洲苑	3150	三角形	1.75	1.30
崇山小区	4466	矩形	2.90	1.30
辽河新区	4385	梯形	2.15	1.20
红旗小区一期	3969	正方形	3.15	1.00
和平小区	6080	带状	1.90	4.20
宜西小区	<1000	正方形	<1.00	1.00
电业小区	<1000	正方形	<1.00	1.00
建工小区	5566	矩形	2.30	2.60
黄河嘉园	1764	正方形	2.10	1.00
黄河绿园	4524	矩形	2.90	1.30
新苑小区	2970	矩形	2.25	1.50
红旗新区	11881	正方形	5.45	1.00
哈房天木小区	1420	矩形	1.00	3.60
龙埠城市花园	<1000	矩形	<1.00	1.00
泰海花园小区	9480	多边形	3.95	1.50

续表

住区名称	住区广场面积/m²	广场形状	宽高比	长宽比
辽河小区	<1000	正方形	<1.00	1.00
信恒现代城·嘉园	3360	梯形	1.40	4.30
盟科视界	21600	矩形	1.10	1.90
宜庆小区	9280	矩形	4.00	1.45
盟科时代	3914	带状	0.50	6.80
金源花园	3840	多边形	0.43	3.80
时代广场	7500	矩形	1.40	1.30
吉星商住房	1050	矩形	1.05	2.40
信恒花园	1656	矩形	1.20	2.90
阳光绿色家园	1518	矩形	1.65	1.40
信恒现代城·馨园	2241	矩形	1.35	3.10
悦山国际	18400	多边形	0.80	2.90
金色莱茵	3150	矩形	0.70	1.80
拉林新村	2000	矩形	1.25	3.20
闽江小区	12736	矩形	3.20	3.10
闽江小区二期	1369	正方形	1.85	1.00
龙坤花园	2304	正方形	2.40	1.00
闽江小区北区	1600	矩形	1.60	1.60
泰山小区	2640	矩形	2.75	3.00
哈尔滨软件园小区	2225	矩形	1.25	3.60
湘江家园	1265	矩形	1.15	2.40
山水嘉园	2500	正方形	1.40	1.00
优度社区	3240	矩形	0.90	1.60
湘江丽园小区	700	矩形	1.00	1.80
龙房小区	1650	矩形	1.25	2.60
建成家园	1150	矩形	1.15	2.20
赣南小区	1170	矩形	1.30	1.70
泰山家园	9384	矩形	1.15	2.20
珠江香城西区	3024	带状	1.20	5.20
吉祥苑	1350	矩形	1.35	1.90
正基香江园	7100	矩形	1.00	3.50
珠江嘉园	1050	矩形	0.75	4.70

住区名称	住区广场面积/m²	广场形状	宽高比	长宽比
永吉家园	<1000	正方形	<1.00	1.00
香槟明苑	<1000	正方形	<1.00	1.00
会展家园小区	1600	正方形	2.00	1.00
珠江·俊景	4400	带状	1.10	9.10
公滨城市花园	1680	矩形	1.40	2.10
金地花园	1664	矩形	1.30	2.50
城东新居	<1000	矩形	<1.00	1.00
城东新居D区	<1000	矩形	<1.00	1.00
高丽风情小镇	<1000	矩形	<1.00	1.00
金源幸福小区	<1000	矩形	<1.00	1.00
高丽花园	1440	矩形	0.80	2.80
果园星城A区	2328	带状	1.20	4.00
果园星城B区	1940	带状	1.00	4.90
果园星城C区	2380	矩形	1.75	1.90
果园星城D区	3240	矩形	2.70	1.10
果园星城E区	2240	带状	1.00	5.60
果园小区	<1000	矩形	<1.00	2.00
安埠小区	2209	正方形	2.35	1.00
轴承名苑	2219	矩形	2.00	1.70
水木兰亭	2040	矩形	1.50	2.30
安居社区	1800	凸字形	1.00	2.00
林机小区	1104	矩形	1.20	1.90
阳光绿景	12410	多边形	1.40	2.30
舒怡花园	1280	矩形	1.00	3.20
祥和家园	2176	矩形	1.70	1.90
哈药家园	2380	矩形	1.70	2.10
福泰绿色名苑	<1000	矩形	<1.00	1.00
三鑫小区	2000	三角形	1.25	1.60
立汇·美罗湾	8600	带状	2.00	5.40
仁和家园	3024	矩形	1.80	2.30
农垦小区	1260	矩形	1.00	3.20
昆仑庄园	1764	正方形	2.10	1.00

住区名称	住区广场面积/m²	广场形状	宽高比	长宽比
吉星小区	<1000	矩形	<1.00	1.00
同发小区	1870	带状	1.85	6.50
帝景	3760	矩形	2.35	1.70
哈轴红旗小区	1280	矩形	2.00	1.30
金桂园	5700	矩形	1.00	2.30
军悦公寓	3296	矩形	1.60	3.20
鸿翔名苑	2997	梯形	0.80	4.40
丽景天地	1225	正方形	0.50	1.00
蓝天嘉园	<1000	矩形	<1.00	1.00
民航小区	<1000	正方形	<1.00	1.00
美霖嘉园	1656	带状	0.90	5.10
府林里家属楼	2340	带状	0.90	7.20
军转小区	816	矩形	0.85	2.80
珠江小区北区	960	矩形	1.00	2.40
珠江小区	1081	矩形	1.15	2.10
顺水小区	<1000	矩形	<1.00	1.00
香安小区电力新村	880	矩形	1.00	2.20
莱艺小区	<1000	带状	<1.00	1.00
香艺居	891	矩形	1.35	1.20
三辅小区	1533	矩形	1.05	3.50
香安名苑	2268	矩形	1.35	3.10
开运花园	1035	矩形	0.75	4.60
香中小区	<1000	矩形	<1.00	1.00
白毛小区	2522	带状	0.65	14.90
电塔小区	600	矩形	<1.00	1.00
日升家园	1200	矩形	1.00	3.00
哈电东升家园	870	正方形	1.50	1.00
乐民小区	<1000	矩形	<1.00	1.00
丁香家园东区	<1000	矩形	<1.00	1.00
明珠家园	<1000	矩形	<1.00	1.00
多福家园	<1000	矩形	<1.00	1.00
联草小区	1113	矩形	1.05	2.50

续表

住区名称	住区广场面积/m²	广场形状	宽高比	长宽比
乐东家园小区	<1000	矩形	<1.00	1.00
翠海花园	3321	矩形	2.05	2.00
中山名苑	3441	矩形	1.55	3.60
成套小区	<1000	矩形	<1.00	1.00
旭辉苑	<1000	矩形	<1.00	1.00
旭景苑	<1000	矩形	<1.00	1.00
森林人家	1200	三角形	1.00	1.50
三合园小区	1980	矩形	1.65	1.80
南郡·新城	<1000	矩形	<1.00	1.00
海富·山水文园一期	6250	带状	1.25	10.00
海富·山水文园二期	6364	带状	1.85	4.60
绿海华庭	6032	矩形	2.60	2.20
田园新城	<1000	矩形	<1.00	1.00
洛克小镇	<1000	矩形	<1.00	1.00
文府嘉园	<1000	多边形	<1.00	1.00
民生国际	3127	矩形	0.65	1.10
哈量小区	<1000	矩形	<1.00	1.00
四季·上东	14400	矩形	3.75	2.60
亚麻小区	<1000	矩形	<1.00	1.00
民香小区	3655	矩形	2.15	2.00
绿园小区	784	正方形	1.40	1.00
中北春城	8560	带状	2.00	5.40
香康小区	1350	矩形	1.50	1.50
铁路文政新区	1260	矩形	1.50	1.40
王兆小区	1500	矩形	1.50	1.70
怡兴花园	<1000	矩形	<1.00	1.00
林大和平小区	1085	矩形	1.55	1.10
华侨名苑	2275	矩形	1.75	1.90
巴黎广场乐福小区	<1000	矩形	<1.00	1.00
乐安小区	880	矩形	1.00	1.00
福缘名苑	<1000	矩形	<1.00	1.00
哈电春江家园	3050	矩形	2.50	1.20

续表

住区名称	住区广场面积/m²	广场形状	宽高比	长宽比
幸福家园	2862	矩形	2.65	1.00
电业社区	1760	矩形	1.60	1.70
乐园小区	<1000	矩形	<1.00	1.00
五院小区	1470	矩形	1.75	1.20
乐强小区	1395	矩形	1.55	1.50
四季芳洲	3348	带状	1.55	3.50
保健新区	1568	矩形	14.00	2.00
林科家园	<1000	矩形	<1.00	1.00
大众嘉园	1200	多边形	<1.00	2.00
远大都市绿洲	4161	矩形	2.85	1.30
大众新城东区	2280	带状	1.00	5.70
龙茂小区	1170	矩形	1.30	1.70
电机新村	<1000	矩形	<1.00	1.00
征仪路花园小区	4424	带状	1.40	5.60
百盛家园	2304	正方形	2.40	1.00
学院新城	5184	正方形	3.60	1.00
新发小区	<1000	矩形	<1.00	1.00
新发园	<1000	矩形	<1.00	1.00
三姓小区	<1000	正方形	<1.00	1.00
直园	<1000	正方形	<1.00	1.00
龙电花园	3990	矩形	0.60	1.20
人和名苑	1089	正方形	0.40	1.00
外侨花园	<1000	矩形	<1.00	1.00
机务小区	<1000	正方形	<1.00	1.00
芦家片住宅楼	<1000	矩形	<1.00	1.00
和平邨社区	<1000	矩形	<1.00	1.00
上方社区	<1000	矩形	<1.00	1.00
教化社区	<1000	矩形	<1.00	1.00
耀景小区	<1000	矩形	<1.00	1.00
复华小区北区	<1000	矩形	<1.00	1.00
复华小区	<1000	矩形	<1.00	1.00
西桥住宅小区	<1000	正方形	<1.00	1.00

续表

住区名称	住区广场面积/m²	广场形状	宽高比	长宽比
松北新城	1620	矩形	0.50	1.80
松北小区	<1000	矩形	<1.00	1.00
汉祥家园	<1000	矩形	<1.00	1.00
汉祥小区	<1000	矩形	<1.00	1.00
清明小区	<1000	矩形	<1.00	1.00
锦绣花园	<1000	矩形	<1.00	1.00
绿馨园小区	<1000	矩形	<1.00	1.00
西街地标	<1000	矩形	<1.00	1.00
军乐园小区	<1000	矩形	<1.00	1.00
苗圃小区	2852	矩形	2.30	1.30
七政公寓	1496	矩形	1.70	1.30
沙曼小区	<1000	矩形	<1.00	1.00
水院小区	<1000	矩形	<1.00	1.00
文苑小区	<1000	矩形	<1.00	1.00
学府名苑	<1000	矩形	<1.00	1.00
和兴小区	1225	正方形	1.75	1.00
林海华庭	3654	矩形	0.40	2.10
怡兴小区西区	<1000	矩形	<1.00	1.00
金洋馨园	<1000	矩形	<1.00	1.00
仪兴小区	<1000	矩形	<1.00	1.00
康宁小区	<1000	矩形	<1.00	1.00
牛房小区	<1000	矩形	<1.00	1.00
盛世桃园	<1000	带状	<1.00	1.00
福顺尚都	5460	矩形	1.75	4.50
地矿花园	1395	矩形	1.55	1.50
金域蓝城	<1000	正方形	<1.00	1.00
尚熙雅轩	9450	多边形	0.50	3.80
保利·颐和家园	3010	椭圆	2.50	1.00
西典家园	8288	矩形	1.00	2.60
西典家园北区	<1000	矩形	<1.00	1.00
鸿朗花园	2720	矩形	1.70	2.40
东辉明珠园	3375	矩形	1.00	1.70

住区名称	住区广场面积/m²	广场形状	宽高比	长宽比
悦城	8094	矩形	1.10	2.50
科大安居小区	<1000	矩形	<1.00	1.00
学府花园	2520	三角形	1.00	4.10
辰能·溪树庭院	2700	半圆形	<1.00	2.00
枫蓝国际	8160	矩形	0.60	2.30
和谐家园	3150	矩形	2.10	1.80
金博花园	2700	L型	1.50	3.00
大众新城	3584	椭圆	1.60	3.50
健康家园	900	矩形	0.50	9.00
学府绿景苑	2698	矩形	1.90	1.90
学府名居	<1000	矩形	<1.00	1.00
明园丽景	<1000	矩形	<1.00	1.00
电缆名苑	<1000	矩形	<1.00	1.00
康桥郡	<1000	不规则	3.50	不规则
世茂·毕索小镇	<1000	不规则	3.60	不规则
世茂·香堤雅	<1000	不规则	4.00	不规则
世茂·翡冷翠	<1000	不规则	3.80	不规则
世茂·滨江新城	6345	三角形	1.35	4.40
世茂花园A区	<1000	不规则	3.50	不规则
世茂花园B区	<1000	不规则	3.70	不规则
世茂花园C区	8000	圆形	2.30	1.00
地中海阳光	6000	带状	0.40	6.70
宜和园	4550	三角形	0.80	1.90
你好荷兰城	4500	矩形	2.50	1.80
前进家园	4240	矩形	2.65	1.50
金色江湾	12800	多边形	1.50	2.00
北岸明珠	19404	矩形	0.90	2.80
北岸·众和城	15660	矩形	0.60	5.40
新新怡园	6240	矩形	2.60	2.30
世财滨江音乐花园	2668	矩形	2.30	1.30
赛丽斯家园	<1000	矩形	<1.00	1.00
润和城	10500	矩形	1.20	2.10

续表

住区名称	住区广场面积/m²	广场形状	宽高比	长宽比
湖畔绿色家园	10098	矩形	2.70	3.50
左岸·巴黎香颂	1225	正方形	1.75	1.00
保利·九号公园	11200	多边形	3.50	2.30
香树湾	2560	矩形	2.00	1.60
欧美亚·世界阳光	<1000	矩形	<1.00	1.00
锦绣家园二期	<1000	不规则	3.50	不规则
保利·水韵长滩	<1000	不规则	3.90	不规则
海域·岛屿墅	<1000	不规则	3.40	不规则
报达雅苑	<1000	不规则	3.60	不规则
塞纳欧香	<1000	不规则	3.50	不规则
军安绿色家园	5800	矩形	2.00	3.60
银河小区	<1000	矩形	<1.00	1.00
奥林小区	4750	矩形	1.90	3.30
绿水小园	2880	矩形	1.80	2.20
静怡家园	3040	矩形	2.00	1.96
松浦·观江小区	<1000	多边形	<1.00	1.00
常胜源小区	<1000	带状	<1.00	1.00
北岸启程	<1000	带状	<1.00	1.00
北岳新城	<1000	带状	<1.00	1.00

附录3　各住区模拟工况分析图

1. 泰山小区模拟工况 I 分析图

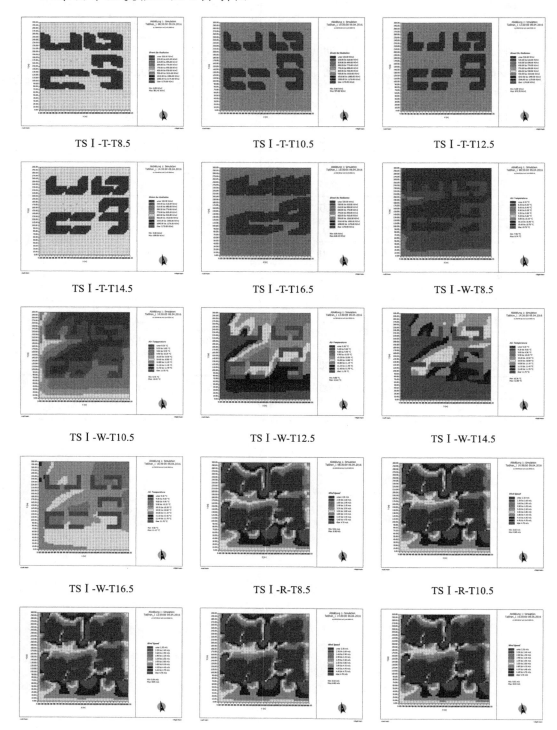

TS I -T-T8.5　　　　　TS I -T-T10.5　　　　　TS I -T-T12.5

TS I -T-T14.5　　　　　TS I -T-T16.5　　　　　TS I -W-T8.5

TS I -W-T10.5　　　　　TS I -W-T12.5　　　　　TS I -W-T14.5

TS I -W-T16.5　　　　　TS I -R-T8.5　　　　　TS I -R-T10.5

TS I -R-T12.5　　　　　TS I -R-T14.5　　　　　TS I -R-T16.5

2.泰山小区模拟工况Ⅱ分析图

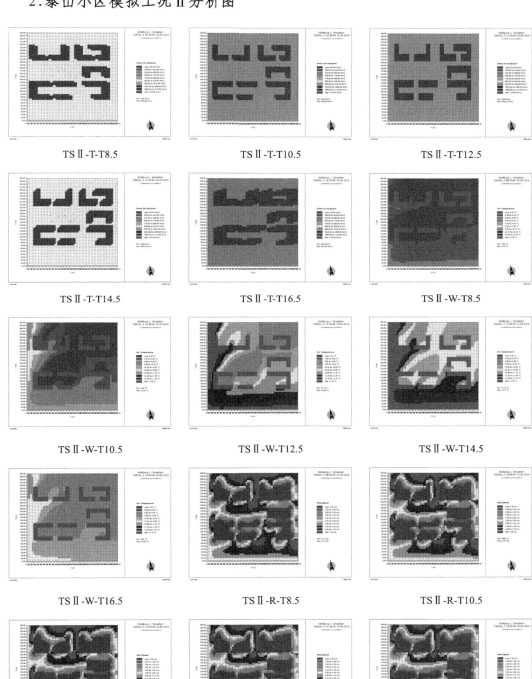

TSⅡ-T-T8.5　　　　　　TSⅡ-T-T10.5　　　　　　TSⅡ-T-T12.5

TSⅡ-T-T14.5　　　　　　TSⅡ-T-T16.5　　　　　　TSⅡ-W-T8.5

TSⅡ-W-T10.5　　　　　　TSⅡ-W-T12.5　　　　　　TSⅡ-W-T14.5

TSⅡ-W-T16.5　　　　　　TSⅡ-R-T8.5　　　　　　TSⅡ-R-T10.5

TSⅡ-R-T12.5　　　　　　TSⅡ-R-T14.5　　　　　　TSⅡ-R-T16.5

3.泰山小区模拟工况Ⅲ分析图

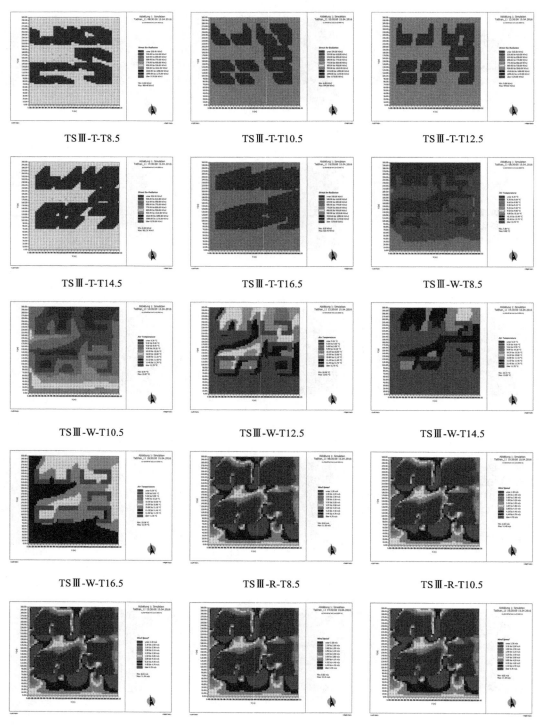

TS Ⅲ-T-T8.5　　　　　　TS Ⅲ-T-T10.5　　　　　　TS Ⅲ-T-T12.5

TS Ⅲ-T-T14.5　　　　　　TS Ⅲ-T-T16.5　　　　　　TS Ⅲ-W-T8.5

TS Ⅲ-W-T10.5　　　　　　TS Ⅲ-W-T12.5　　　　　　TS Ⅲ-W-T14.5

TS Ⅲ-W-T16.5　　　　　　TS Ⅲ-R-T8.5　　　　　　TS Ⅲ-R-T10.5

TS Ⅲ-R-T12.5　　　　　　TS Ⅲ-R-T14.5　　　　　　TS Ⅲ-R-T16.5

4.欧洲新城模拟工况Ⅰ分析图

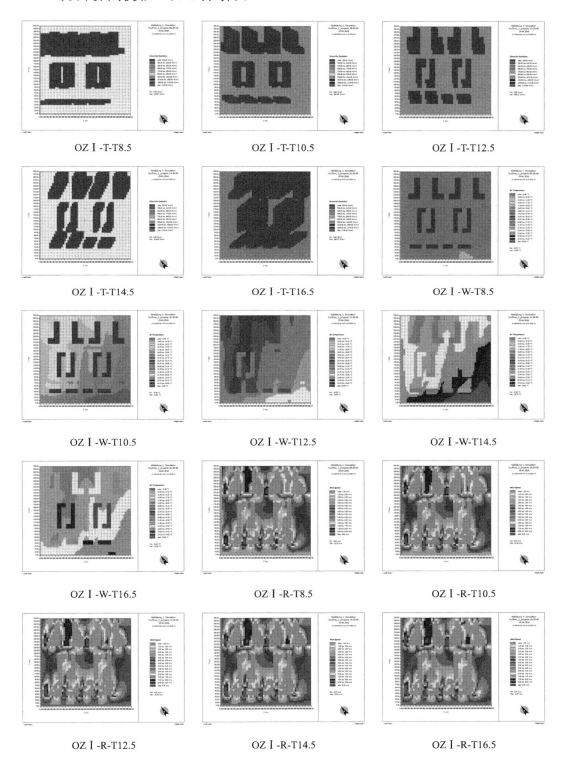

OZⅠ-T-T8.5　　　　　OZⅠ-T-T10.5　　　　　OZⅠ-T-T12.5

OZⅠ-T-T14.5　　　　　OZⅠ-T-T16.5　　　　　OZⅠ-W-T8.5

OZⅠ-W-T10.5　　　　　OZⅠ-W-T12.5　　　　　OZⅠ-W-T14.5

OZⅠ-W-T16.5　　　　　OZⅠ-R-T8.5　　　　　OZⅠ-R-T10.5

OZⅠ-R-T12.5　　　　　OZⅠ-R-T14.5　　　　　OZⅠ-R-T16.5

5.欧洲新城模拟工况Ⅱ分析图

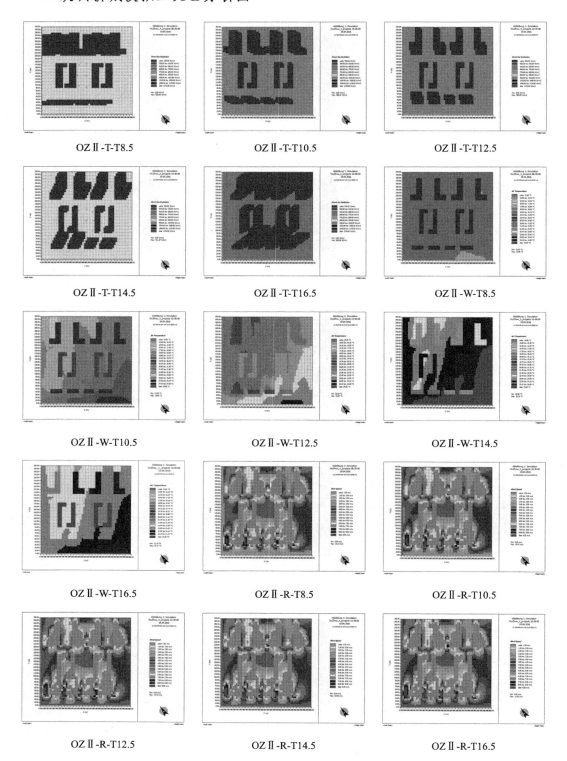

OZⅡ-T-T8.5　　　　　OZⅡ-T-T10.5　　　　　OZⅡ-T-T12.5

OZⅡ-T-T14.5　　　　　OZⅡ-T-T16.5　　　　　OZⅡ-W-T8.5

OZⅡ-W-T10.5　　　　　OZⅡ-W-T12.5　　　　　OZⅡ-W-T14.5

OZⅡ-W-T16.5　　　　　OZⅡ-R-T8.5　　　　　OZⅡ-R-T10.5

OZⅡ-R-T12.5　　　　　OZⅡ-R-T14.5　　　　　OZⅡ-R-T16.5

6.欧洲新城模拟工况Ⅲ分析图

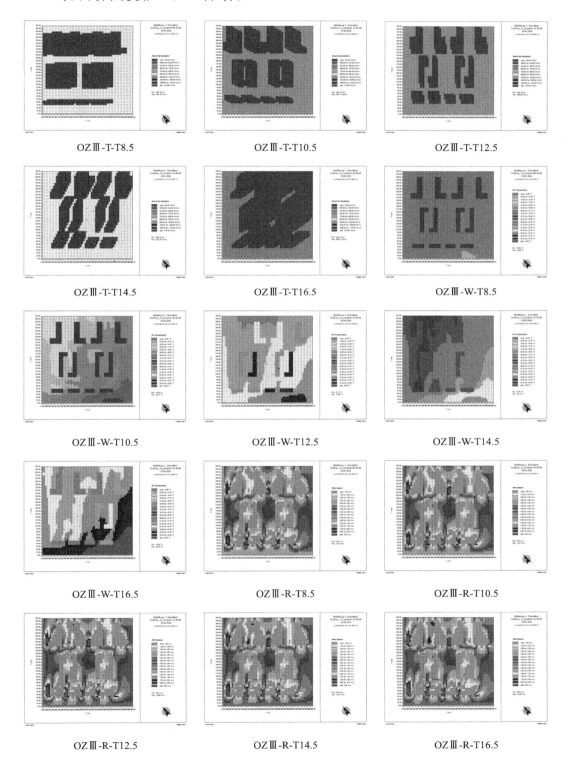

OZⅢ-T-T8.5　　　　　　OZⅢ-T-T10.5　　　　　　OZⅢ-T-T12.5

OZⅢ-T-T14.5　　　　　　OZⅢ-T-T16.5　　　　　　OZⅢ-W-T8.5

OZⅢ-W-T10.5　　　　　　OZⅢ-W-T12.5　　　　　　OZⅢ-W-T14.5

OZⅢ-W-T16.5　　　　　　OZⅢ-R-T8.5　　　　　　OZⅢ-R-T10.5

OZⅢ-R-T12.5　　　　　　OZⅢ-R-T14.5　　　　　　OZⅢ-R-T16.5

7.山水家园模拟工况Ⅰ分析图

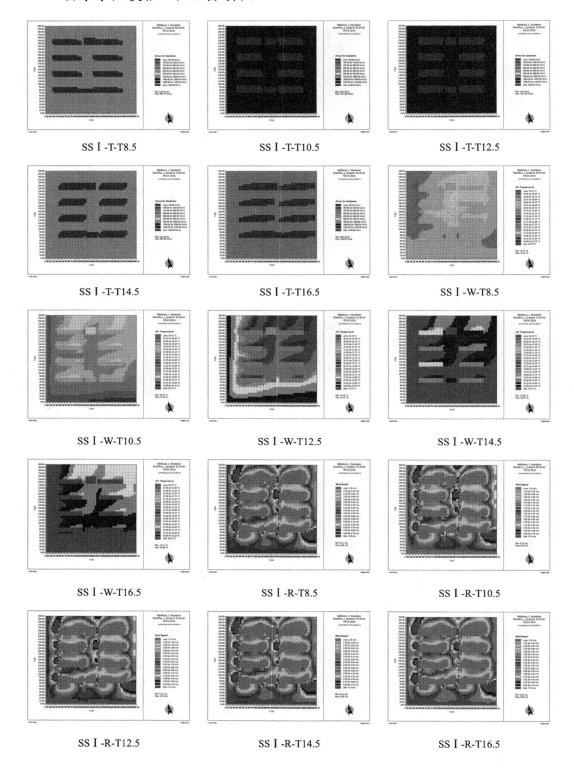

SSⅠ-T-T8.5　　　　　　SSⅠ-T-T10.5　　　　　　SSⅠ-T-T12.5

SSⅠ-T-T14.5　　　　　　SSⅠ-T-T16.5　　　　　　SSⅠ-W-T8.5

SSⅠ-W-T10.5　　　　　　SSⅠ-W-T12.5　　　　　　SSⅠ-W-T14.5

SSⅠ-W-T16.5　　　　　　SSⅠ-R-T8.5　　　　　　SSⅠ-R-T10.5

SSⅠ-R-T12.5　　　　　　SSⅠ-R-T14.5　　　　　　SSⅠ-R-T16.5

8.山水家园模拟工况Ⅱ分析图

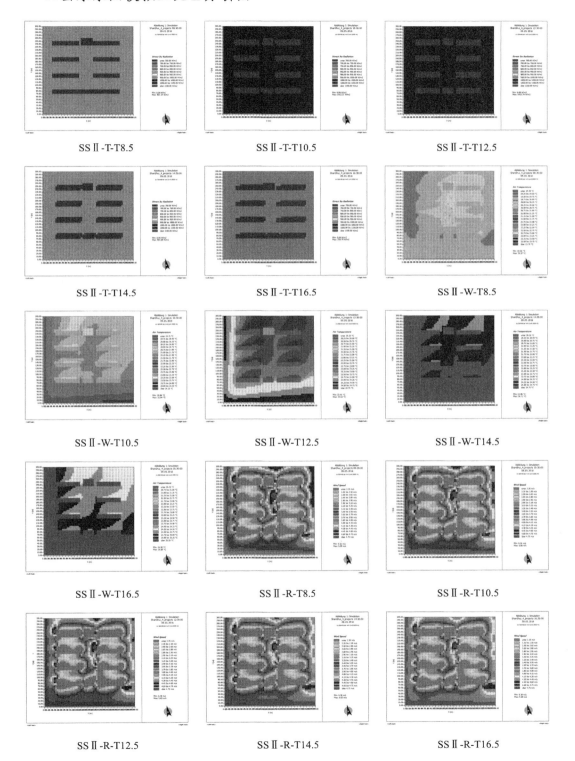

SSⅡ-T-T8.5　　SSⅡ-T-T10.5　　SSⅡ-T-T12.5

SSⅡ-T-T14.5　　SSⅡ-T-T16.5　　SSⅡ-W-T8.5

SSⅡ-W-T10.5　　SSⅡ-W-T12.5　　SSⅡ-W-T14.5

SSⅡ-W-T16.5　　SSⅡ-R-T8.5　　SSⅡ-R-T10.5

SSⅡ-R-T12.5　　SSⅡ-R-T14.5　　SSⅡ-R-T16.5

9.山水家园模拟工况Ⅲ分析图

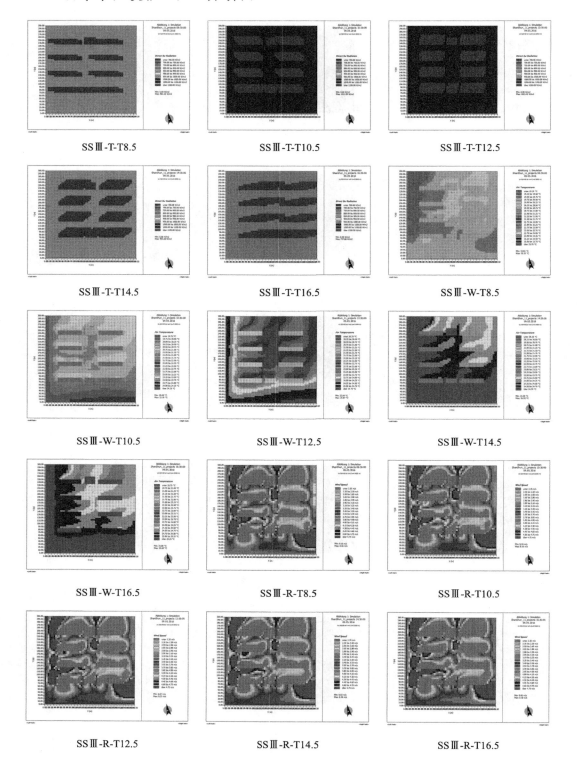

SSⅢ-T-T8.5

SSⅢ-T-T10.5

SSⅢ-T-T12.5

SSⅢ-T-T14.5

SSⅢ-T-T16.5

SSⅢ-W-T8.5

SSⅢ-W-T10.5

SSⅢ-W-T12.5

SSⅢ-W-T14.5

SSⅢ-W-T16.5

SSⅢ-R-T8.5

SSⅢ-R-T10.5

SSⅢ-R-T12.5

SSⅢ-R-T14.5

SSⅢ-R-T16.5